ÉLÉMENS

DE

CHYMIE.

A V I S.

Le Relieur eſt averti de placer les dix-
ſept Figures de ce Livre dans le Tome VI,
après la page 216, de maniere qu'elles ſor-
tent du Livre lorſqu'il ſera relié.

ÉLÉMENS
DE
CHYMIE.
PAR
HERMAN BOERHAAVE,

Traduit du Latin.

TOME SIXIEME,

Qui contient le détail des Instrumens, et les Opérations Chymiques.

A PARIS,

Chez GUILLYN, Quai des Augustins, au Lys d'Or.

————————

M. DCC. LIV.

Avec Approbation & Privilége du Roi.

ÉLÉMENS DE CHYMIE.

Des Vaisseaux & des Instrumens nécessaires dans un Laboratoire.

Des Vaisseaux Chymiques.

COMME la Chymie ne s'emploie qu'à produire des changemens dans les corps & à observer ces changemens, qui ne sont presque produits que par l'action du feu, il paroît que les Chymistes ont besoin d'instrumens & de vaisseaux pour pouvoir exercer leur art. Par vaisseau j'entens tout corps creux, qui peut contenir le corps qui doit être changé chymiquement, ou qui est déja changé, & en même tems le dissolvant ou le corps qui doit produire le changement. J'appelle instrument tout corps qui a la force, la grandeur, & la figure convenables pour que, par son moyen, on

Tome VI.   A

puisse appliquer les causes qui doivent produire les changemens , aux corps qui doivent être changés, en sorte qu'il en résulte le mouvement prescrit par l'art, & que l'Artiste puisse gouverner & ces causes & les corps qui doivent être changés. Tout l'attirail chymique doit donc, pour être complet, comprendre les choses suivantes ; les corps qui doivent être changés suivant l'art, les causes qui doivent opérer ces changemens, les vaisseaux, les instrumens, & les corps produits par l'art.

Les vaisseaux chymiques. Les vaisseaux chymiques, dans lesquels on met les corps qu'on veut changer, doivent contenir, outre ces corps, les dissolvans propres à produire le changement ; ils doivent encore supporter l'effet du feu nécessaire, & soutenir l'opération. Ainsi ces vaisseaux doivent être de résistance & ne contribuer en rien d'étranger à l'opération. On peut appeller ceux-là vaisseaux contenans. Pour ceux qui reçoivent le corps déja changé, & qui l'est presque toujours par l'action du feu, que ce corps souffre dans le vaisseau contenant, on les appelle récipients,

Il y a deux chofes fur-tout à confidé-
rer à l'égard de ces vaiffeaux, leur
matiere & leur figure.

Ces vaiffeaux font 1°. de bois, *Vaiffeaux de*
2°. de poterie ou de pierre, 3°. de *bois.*
métal, ou 4°. de verre.

Les vaiffeaux faits d'un bois feç,
point huileux, ni peints ni verniffés,
font très-bons pour recevoir les fels,
les corps falins, les chaux & les corps
calcinés : pourvu qu'on ait foin de tenir ces vaiffeaux bien fecs & bien bouchés, ils confervent fort bien des corps
qui fe fondent par l'humidité de l'air,
dans plufieurs autres vaiffeaux. On fe
fert utilement de Sebiles ou de mor-
tiers de bois pour broyer dans l'eau
des métaux diffouts par le mercure.
Ces vaiffeaux conviennent auffi,
quand ils font frottés de craie, pour
réduire en poudre le plomb, & l'étain
fondus. Voilà à peu près à quoi ils
font bons.

Les vaiffeaux de verre font de très- *Vaiffeaux de*
grand ufage : ils ne changent, n'ajou- *verre.*
tent, ni n'ôtent rien aux corps qu'ils
contiennent : lorfqu'ils font expofés
au feu, ils ne laiffent rien tranfpirer,
ni n'admettent rien du dehors, que le

A ij

feu & la force magnétique. Ils retiennent l'alcaheft & même dans le feu.
Auffi méritent-ils la préférence dans
toute opération chymique, où l'on
n'a pas befoin d'un feu plus violent
que celui que le verre peut foutenir
fans fe fondre ; & comme le verre
verre d'Allemagne eft celui qui fe cor-
rompt le moins, qui réfifte le plus au
feu, qui falit le moins les corps qu'il
contient, c'eft auffi le meilleur de
tous. Le verre blanc & femblable au
criftal eft trop tendre, fe fend trop
facilement, & eft fujet à lacher fon
alcali & à le communiquer aux matieres qu'on y renferme ; l'autre dont
nous venons de parler, peut fuppor-
ter plus de 600 degrés de chaleur fans
fe fondre : mais je ne fais pas au jufte
combien il en peut foutenir au-de-
là : tout ce que je puis dire, c'eft que
je l'ai fait fondre à un violent feu de
fable. Il feroit fort à fouhaiter que
Van Helmont nous eut révélé le fe-
cret de cette efpece d'enduit, qui
mettoit le verre en état de foutenir,
fans fe fondre, le feu de forge le plus
violent, au point d'y pouvoir diftiller l'huile ignée de vitriol. Il affure que

Cet enduit ne se fend, ni ne se crevasse ;
qu'il ne se détache point & ne se vitrifie que très-difficilement ; en sorte
que le plus grand effort du feu ne produit qu'une union intime du verre avec
l'enduit qui le recouvre. Voyez *Helm.*
pag. 707. §. 19. Avec un pareil secret,
il est peu d'Opérations qu'on ne put
faire dans le verre : mais ce secret m'est
inconnu, & je n'ai trouvé personne en
état de me l'apprendre.

Les vaisseaux de la troisieme espe- *Vaisseaux de*
ce sont ceux de métal. On en fait sur- *métal.*
tout beaucoup de Fer, parce que c'est
de tous les métaux celui qui se fond le
plus difficilement dans le feu. Cependant tous les vaisseaux de métal ont le
défaut de se fondre plus ou moins, &
outre cela celui de ne pouvoir résister
aux sels qui les rongent, & par-là altérent les corps qu'ils contiennent. Je
m'étois fait fondre des cornues de fer
pour y distiller le phosphore d'urine,
mais elles se fondirent dans le feu
avant la fin de l'opération.

La quatrieme espece de vaisseaux *Vaisseaux de*
sont ceux de terre cuite. Ceux qui sont *poterie.*
faits de terre grasse & argilleuse sont
sujets à se vitrifier dans un feu vio-

lent ; les meilleurs font donc ceux qui ont pour matiere une terre maigre, tels que ceux qu'on apporte du pays de Heffe, & autres, qui fe font de terre de creufet. Ces derniers peuvent foutenir le feu le plus violent, mais ils font poreux & laiffent fouvent échapper quelques matieres falines ; fur-tout quand on pouffe par une violente diftillation les efprits acides. De tout ceci on peut déduire le choix qu'il faut faire des vaiffeaux quant à la matiere pour chaque opération. Les liqueurs purement aqueufes, & les efprits entierement fermentables peuvent fe diftiller dans des vaiffeaux de métal. Les efprits végétables acéteux, diftillés & fermentés, fe diftillent fort bien dans l'étain & dans les vaiffeaux étamés. Les matieres falines veulent être diftillées dans le verre. Les ferpentins deftinés à la diftillation du vinaigre font d'étain, mais les chapiteaux doivent être de verre. On ne fe fert de vaiffeaux de terre, que lorfqu'on a befoin d'un feu trèsviolent, & alors pour qu'ils tranfpirent moins & qu'ils foient moins fujets à fe fendre, il faut les enduire

d'un lut convenable. Avant que de
commencer une opération, il faut
donc toujours faire attention à la nature du sujet & au degré de feu requis,
& il sera facile de se déterminer sur le
choix de la matiere des vaisseaux.
Lorsque rien n'en empêche, il faut
préférer le verre ; ne fut-ce que par
l'avantage qu'il a de laisser voir tous
les changemens qui arrivent au sujet
pendant l'opération, ce qui est souvent aussi utile qu'agréable ; puisque
par-là nous pouvons parvenir quelquesfois à l'origine de plusieurs phé-
nomènes très-singuliers. Il y a encore
une terre des Indes de couleur de cendres, semblable à la porcelaine, &
qui en est peut-être une espece ; on en
fait dans ces pays-là des vaisseaux de
plusieurs sortes, dont il y en a même
de fort grands. Les acides ne les atta-
quent pas, & les distillateurs des eaux
fortes s'en servent avec succès pour
conserver leurs esprits acides.

De quelque matiere que les vaisseaux soient composés, ils sont sus-
ceptibles d'une grande variété pour la
figure ; ainsi je me contenterai de donner là-dessus quelques avis utiles aux

PLANCE IX.
Fig. 2.

Figures des
vaisseaux, des-
tinés à conser-
ver des corps.

A iv

Chymiftes. Les meilleurs vaiffeaux
de verre, pour conferver des liqueurs
volatiles, ou des fels, font ces phio-
les à fond plat, mais un peu enfoncé
vers le milieu, comme ABCD, qui
s'élevent en cylindre & fe terminent
en un col étroit, & cylindrique tel
que FGHI; on les ferme avec un bouchon de verre, bien poli, MN, &
qui remplit exactement le col cylin-
dique. Plus la fuperficie par laquelle
ce bouchon s'applique au dedans du
col eft grande, & mieux c'eft. Les
verres, dont on doit verfer des liqueurs goutè à goute, font faits en
ampoulle comme O P Q R, le col
en doit être cylindrique & finir en s'é-
vafant : on les ferme avec un bouchon
de liége ou avec de la cire jaune, dont
fe fervent les jardiniers, s'ils doivent
contenir des acides volatils.

Vaiffeaux
defti és aux
opei. ions
chymiques.

Les vaiffeaux, dont on a befoin
pour opérer les féparations dés corps
par les moyen du feu, ce qui fe fait
prefque toujours par la diftillation,
doivent être de figures différentes,
fuivant les différens effets qu'on fe
propofe. Ils fe divifent en général en
deux efpéces ; les uns font deftinés à

Contenir le corps qui doit être changé & auquel le feu doit être appliqué ; les autres à recevoir ce que le
feu en sépare, & ceux-ci doivent prefque toujours être plus froids que les
autres. Descendons dans le détail de
l'une & de l'autre de ces espéces.

Quand il s'agit d'un corps , dont
on veut conserver la partie fixe, après
en avoir séparé d'autres parties par le
moyen du feu, on se sert ordinairement de vaisseaux faits en cône obtus
renversé , de sorte que l'ouverture en
haut, est la base du cône, & le fond
en est le sommet émoussé. Cette figure
varie en différens vaisseaux , depuis
celle du cône renversé jusqu'à celle
de segment sphérique concave. Ainsi
ceux qui sont destinés à la fusion sont
coniques , & nommés creusets ; on en
voit un représenté en A ; ceux qui
sont destinés à l'ustullaton & à la calcination sont des segmens sphériques
comme B & C. La regle pour le choix
de la figure est celle-ci ; plus les vaiffeaux sont bas de bord & évasés, plus
les parties volatiles se détachent des
parties fixes & s'envolent , & plus
l'action du feu s'applique à une gran-

A v

Creusets &
autres vaif-
feaux pour la
fonte.

PLANCHE
I X.
Fig. 4.

de superficie du corps qui doit être changé & de la partie fixe qui doit rester. Ainsi les vaisseaux les plus bas de bord & les plus évasés sont propres pour l'ustulation.

Lorsque les parties volatiles, après la séparation, doivent être conservées, aussi-bien que les fixes ; le vaisseau contenant peut être d'une de ces trois figures ; cylindrique, cônique, ou en cône renversé. Les vaisseaux cylindriques ne sont autre chose, que contenir les parties volatiles, par leurs côtés ; du reste, ils n'en aident ni n'en empêchent l'élévation : ainsi ce n'est que par leurs différentes hauteurs que ces vaisseaux peuvent apporter quelque différence à l'opération. Pour séparer des parties très-volatiles d'autres, qui le sont moins, il faut des vaisseaux cylindriques fort hauts : pour séparer des parties presque fixes de celles qui le sont tout-à-fait, il faut des vaisseaux fort bas. Quand les vaisseaux s'élevent d'un fond étroit en s'élargissant, comme ceux qui sont hémisphériques, ou qui forment un segment de sphère concave, il est clair par les regles de l'hydrostatique, que chaque point de la bafe foutient une colomne du liquide contenu, dont la hauteur fe mefure par une perpendiculaire, élevée de ce point jufqu'à la fuperficie du liquide : ainfi ces colomnes font plus courtes, à mefure que l'on approche des bords du vaiffeau & au contraire. On voit par-là que les figures les plus évafées aident à l'élévation des parties volatiles, & facilitent l'exhalation. C'eft fur ces principes qu'il faut fe former l'idée de la retorte ou cornue, qui eft un fphère concave A B C D, avec un col cylindrique, A D E F dont la partie fupérieure A F eft la tangente au fommet de la fphère, & dont la partie inférieure D E eft la continuation du diametre de la fphère parallele à cette tangente. On conçoit aifément qu'un vaiffeau de cette figure eft très-propre à déterminer vers l'ouverture du col & delà vers le récipient, les parties que le feu fait élever & qui font raffemblées dans la voute fupérieure de la cornue. Auffi ces vaiffeaux conviennent lorfqu'on veut féparer, par la diftillation, des parties fort fixes de celles qui le font abfolument, com-

PLANCHE.
X.
Fig. 1.

me dans la diſtillation de l'huile de vitriol, de l'eſprit de nitre, de l'eau forte, de l'eſprit de ſel, de l'eſprit d'alun & ſemblables. Les Artiſtes font ſouvent courber le col cylindrique vers en bas, & le font finir en cône, afin que les vapeurs, pouſſées dans l'entrée de ce col, ſoient par cette pente plus facilement déterminées à couler & à diſtiller par l'iſſue du col, & c'eſt là l'eſpece de cornue la plus commune. Cependant pour les diſtillations les plus longues & les plus difficiles, où il s'agit de faire élever & de pouſſer à force de feu, des parties qui réſiſtent beaucoup à leur élévation, j'ai fait faire des vaiſſeaux cylindriques comme A B C D, qui étant placés horizontalement aboutiſſent à leur partie ſupérieure en un col horizontal, D E. On peut avec de pareils vaiſſeaux, faire facilement la diſtillation du phôſphore & des autres matieres, qu'on a de la peine à faire élever; l'uſage en fait ſentir la commodité. Tous les ans, j'ai fait diſtiller en préſence de ceux qui fréquentent mes Colléges, de l'huile de vitriol & d'autres eſprits acides foſſiles, & je me ſuis

PLANCHE X.
Fig. 2.

toujours servi dans ces opérations,
aulieu de cornues, de vaisseaux cylindriques de terre comme ABCD, qui
ont une grande ouverture cylindrique, EFGH. Après les avoir placés horizontalement dans le fourneau,
j'ai fait entrer dans leur ouverture le
bout tuyau cylindrique, IKLM, dont
l'autre bout s'inséroit dans l'entrée
NO d'un grand récipient de verre
NOPQ, posé aussi horizontalement,
& en luttant exactement ces trois vaisseaux ensemble, j'ai fait voir quelle fa-
cilité cet appareil apportoit à l'opération. La planche que je cite fera comprendre aisément tout cela. Ainsi je ne
crois pas qu'il soit nécessaire que je m'é-
tende davantage sur la figure des vaisseaux pour la distillation des parties
les plus fixes, il suffit de remarquer
que l'appareil de ces derniers que je
viens de décrire, est d'autant plus nécessaire, que les corps qu'on veut distiller montent difficillement.

Lorsque les parties qu'il faut faire
éléver, sont aisées à mettre en mouvement, & ne different pas tant en volatilité du corps dont il faut les détacher, il convient de se servir d'autres

PLANCHE X. Fig. 3. & PLANCHE XII. Fig. 1.

vaiffeaux. Premierement ces vaiffeaux, peuvent être côniques ; leur figure approchante de celle de la maffue d'Hercule , les a fait appeller par les Allemans & par les Hollandois, Kolven , ou Maffues. La même raifon de reffemblance leur a fait donner le nom de cucurbites. Les anciens Alchymiftes, comme Raimond Lulle & d'autres, les ont nommé urinaux. On conçoit facilement que les parties élevées par l'action du feu, heurtent contre les parois inclinées de ces vaiffeaux, en font arrêtées, & repouffées, & retombent vers le fond. Ainfi celles qui fe meuvent avec le plus de difficulté , montent rarement tout-à-fait au haut & par conféquent ne s'échappe pas avec les autres. A l'égard de ces vaiffeaux, il faut encore obferver que plus leur fond eft large, & l'ouverture fupérieure par où les parties fublimées doivent fortir étroite, plus il y aura de parties arrêtées & repouffées, & plus la féparation des parties les plus volatiles d'avec celles qui le font moins s'operera facilement. En troifieme lieu, il faut auffi faire attention à la hauteur de ces vaisseaux, plus ils seront hauts, plus les parties les moins volatiles auront de peine à se sublimer. C'est en faisant attention à ces trois circonstances, qu'on a inventé une maniere de distiller avec peu de feu, de peine & de dépense, une grande quantité d'alcohol simple ou imprégné de plus subtils esprits des végétaux. Voici comment. Soit un cône d'étain ABCDE, PLANCHE XI. Fig. 1. dont la base A B soit par exemple de six pouces de diametre, & le sommer E, d'un pouce ; que ce cone soit continué en cylindre, après s'être recourbé du sommet vers en bas, où il doit se dévoier en F, pour entrer dans l'ouverture d'un tuyau cylindrique, tourné en spirale que l'on appelle vulgairement Serpentin : la hauteur du cône doit être de quatre pieds. Si l'on met de l'esprit de vin dans une cucurbite, placée dans de l'eau bouillante, & qu'après y avoir adapté ce cône d'étain, en guise de chapiteau, on fasse distiller cet esprit par le serpentin & le réfrigerant, on aura la premiere fois de l'esprit très-fort, & à la seconde distillation de vrai alcohol. Nous pouvons sur les principes que

PLANCHE
XII. Fig. 2.

nous avons posés, nous former aussi l'idée du matras, c'est ainsi que les Chymistes appellent une bouteille ronde, avec un long col cylindrique, ouvert en haut. Il n'est pas croiable, l'usage qu'on tire de ce vaisseau pour les opérations les plus subtiles. Car comme on peut en faire le col aussi long que l'on veut, & que l'on peut aussi varier à volonté, la proportion de la grosseur du col, à celle de la bouteille, on peut en déterminer la figure, de sorte que la liqueur contenue trouve la plus grande difficulté à s'élever, & qu'avec un petit feu de digestion il ne puisse presque rien sortir par l'ouverture supérieure. Une autre observation que j'ai faite sur ces vaisseaux regarde la pression de l'atmosphere, qui pese par l'ouverture du col sur les corps contenus dans le matras, & agités par le feu, & qui sert d'une espéce de bouchon, en balançant l'effort des liqueurs qui tendent à s'élever. Car l'air rarefié dans le matras, par l'effet du feu qui y est appliqué, travaille à élever la colomne de l'atmosphère, dont le poids fait équilibre avec cet effort; & ainsi les par-

ties liquides contenues dans cet air
raréfié font repouffées vers le fond du
matras, & reviennent s'appliquer aux
parties qui reftent vers le bas. C'eft ce
qui paroît à l'œil lorfque l'on approche prudemment du feu de l'alcohol
contenu dans un matras ; quand la
liqueur s'échauffe au point d'être prête
à bouillir, on voit les vapeurs dans le
col du matras , s'élever & s'abbaiffer,
en forme de nuage flottant. Cela
fournit un moien de faire plufieurs
belles expériences, & entr'autres plufieurs diffolutions fans aucune perte
des corps à diffoudre ni des diffol-
vans , ce qui feroit fouvent autrement
très-difficile. Les matras à long col
font encore fort utiles lorfqu'il s'agit
de féparer des efprits & des fels purs,
alcalis,& volatils, de l'eau , de l'huile
& de la terre volatile. Ces vaiff aux
ont cependant un défaut ; quand ils
ont le col extrêmement long , la liqueur bouillante dans le fond , laiffe le
haut du col encore froid , parce qu'elle ne peut pas s'élever auffi haut, d'où
il arrive , que fi la liqueur monte fubi-
tement par l'ébullition , cette chaleur
fubite fait caffer le col encore froid ;

& cela arrive fur-tout dans un tems
de gélée. Un autre défaut encore, c'eft
que les gouttes que le froid fait raffembler contre les parois intérieures
du haut du col, & qui par conféquent
font auffi froides, viennent tout d'un
coup à tomber fur le fond du matras,
qui eft fort échauffé, & le font auffi
créver. C'eft ce qui m'eft arrivé à mon
grand dommage, un jour que j'avois
mis du mercure dans de pareils vaiffeaux. En voilà affez fur les figures
des vaiffeaux contenans, & fur le choix
qu'il en faut faire, fuivant le but que
l'on a.

Des réci-
pients.

  A l'égards des récipients, fur-tout
quand ils doivent être fort grands, ils
peuvent être de deux figures, ou fphé-
riques, ou en forme de cucurbite;
cette derniere, en fuppofant la capacité égale, eft préférable à la fphéri-
que, parce qu'étant plus alongée, le
fond eft plus éloigné de l'ouverture
du vaiffeau d'où les liqueurs diftillées
fortent, & ces liqueurs ont ainfi plus
d'efpace pour fe refroidir. Il eft même quelquesfois néceffaire d'augmenter la diftance entre le vaiffeau
contenant & le récipient, j'ai déja dit

que cela se faisoit par le moyen d'un tube cylindrique tel que I K L M, luté par une de ses extrémités à l'ouverture H G du vaisseau contenant A B C D E F ; & par l'autre à l'ouverture NO du récipient NOPQ, ou d'un autre tel que celui qui est représenté dans la figure 3. Mais dans certaines distillations qui demandent plus d'art, telles que celles où il s'agit de séparer le mercure d'avec les métaux, & où il faut augmenter beaucoup cette distance, on se sert des vaisseaux de verre, faits de façon que le goulot postérieur de celui qui précede puisse s'inférer dans le goulot antérieur de celui qui le suit : & en lutant bien tous ces goulots, on peut faire un canal continu d'autant de longueur qu'on veut. Voiez la figure. Ainsi à l'aide d'une cornue, d'un récipient & de ces vaisseaux de verre, on pourroit suffire à toutes les distillations, si l'on ne devoit jamais séparer des parties extrêmement volatiles d'avec d'autres parties volatiles ; mais comme on a tous les jours de pareils séparations à faire, on a aussi besoin de vaisseaux élevés & fort hauts. De là est née l'in-

PLANCHE XII. Fig. 1.

PLANCHE XI. Fig. 2.

vention d'un chapiteau dont le bec
entre dans le col du récipient. C'eſt
ce que Dioſcoride appelle, dans l'endroit où il parle de la ſublimation du
Cinabre. ἄμβικα & qui par l'addition
de l'article Arabe eſt nommé à préſent
Alambic. Il eſt facile, après ce que
nous venons de voir, de juger des cas
où il convient de ſe ſervir de la cucurbite avec ſon alambic, & de ceux où
il vaut mieux ſe ſervir de la cornue:
il ne faut que faire attention à la fa-
cilité plus ou moins grande avec laquelle les liqueurs qu'on diſtille s'é-
levent, & à leur mélange avec d'autres parties, plus ou moins volatiles
auſſi, dont on veut les ſéparer. Il faut
cependant obſerver un défaut auquel
l'alambic eſt ſujet, c'eſt que comme
le chapiteau doit être joint à la cucurbite & au récipient, ce ſont deux
jointures à faire, & quelque bon que
ſoit le lut dont on ſe ſert, il eſt rare,
malgré tous les ſoins qu'on peut y
apporter, qu'il ne s'y faſſe quelque
fente, qui laiſſe exhaler quelque
choſe.

Souvent il eſt néceſſaire de remêler
continuellement les parties volatiles

avec le réfidu fixe, dont on les a féparées; c'eſt ce qu'on appelle à préſent cohobation, & ce que Paracelſe appelloit circulation. Dans ces opérations qui font d'un ſi grand uſage en Chymie, les Artiſtes s'appercevant qu'en ouvrant ſouvent les vaiſſeaux & en faiſant paſſer pluſieurs fois les liqueurs par l'air, il s'en perdoit aſſez conſidérablement, inventerent une machine de verre, compoſée d'une cucurbite & de ſon alam- PLANCHE bic, à deux becs, qui viennent en ſe XI. Fig. 3. recourbant s'inſérer dans le ventre de la cucurbite; par là les liqueurs raſſemblées dans l'alambic, recoulent continuellement dans la cucurbite, & pourvu que les vaiſſeaux ſoient bien lutés, on évite la diſſipation d'une grande partie de la liqueur diſtillée & beaucoup de peine. Cet inſtrument s'appelle un pélican, & eſt d'autant meilleur que le tuiau qui part du haut de l'alambic eſt plus long. Cependant comme il ne laiſſe pas de couter de la façon, on peut y ſuppléer par un pareil plus ſimple. On prend un ma- PLANCHE tras à col aſſez long, & après y avoir XI. Fig. 4. mis ce qu'on veut cohober, on y ajoute un matras plus petit, de ſorte

que le col de ce dernier puiſſe entrer
dans celui de l'autre, & on les lute
ſoigneuſement enſemble, après pourtant que les deux vaiſſeaux ſont échauffés au point requis par l'opération :
car alors l'air échauffé & dilaté, ſera
ſorti en quantité ſuffiſante, pour qu'a-
près avoir luté les vaiſſeaux enſemble, on puiſſe continuer le même degré de chaleur, ſans craindre de les
faire crever. Il arrive cependant quelquefois que la liqueur refroidie, qui
tombe d'enhaut ſur le fond fort
échauffé, fait éclater le verre, & c'eſt
à quoi il eſt bon de veiller.

Des Luts Chymiques.

Par le mot de Lut les Chymiſtes
entendent un mêlange ductile, tenace, qui deviennent dur en ſe ſéchant,
& par le moyen duquel on puiſſe boucher les jointures des vaiſſeaux, qu'on
unit enſemble, en ſorte qu'aucun air
ne puiſſe y entrer n'y en en ſortir. Son
principal uſage eſt de faire que les parties les plus ſubtiles, que le feu met
en mouvement dans la diſtillation,
ſoient retenues dans les vaiſſeaux &

ne puissent s'échapper. Il est clair qu'il faut différentes especes de lut, suivant les différens corps qu'on veut distiller.

Pour distiller des liqueurs aqueuses, il suffit de prendre de la graine de lin, dont on a tiré l'huile : ce marc réduit en farine fine, & pêtri en pâte épaisse, avec un peu de blanc d'œufs fait un lut, dont on remplit la jointure de l'alambic & de la cucurbite, & dont on environne la jointure du bec de l'alambic ou de la cornue avec le récipient. Ce lut se durcit par la chaleur, & s'il arrive qu'il s'y fasse des crevasses, il faudra les boucher en les enduisant de la même matiere. Dans la distillation de tous les esprits fermentés inflammables, & des sels volatils, alcalis, alcoholisés, il suffit d'emploier une pâte composée de la même farine, bien pêtrie avec de l'eau froide.

Ce lut ne conviendroit pas pour la distillation des acides, des liqueurs acéteuses, & des autres semblables; il seroit rongé, se dissoudroit, s'amolliroit & laisseroit échapper les esprits réduits en vapeur. Il faut en ce cas se servir d'une vessie de bœuf ou de cochon, après l'avoir fait macérer dans l'eau,

Lut pour les liqueurs aqueuses & spiritueuses.

Pour les liqueurs acéteuses.

juſqu'à ce qu'elle ſe ramolliſſe, commence à devenir gluante & ſoit preſque à demi corrompue.

Quand il s'agit de tirer par un feu violent les acides du vitriol, ou les eſprits rongeans des ſels foſſiles, il faut un lut qui devienne auſſi dur que de la pierre. On l'appelle le lut de ſapience. Pour le faire, prenez du colcothar qui reſte après la diſtillation de l'huille de vitriol, faites le bouillir en pluſieurs eaux, juſqu'à ce qu'il ne donne plus aucun ſigne de ſel. Faites-le ſecher & le gardez dans un vaiſſeau bien bouché. Quand vous en avez beſoin, prenez ce colcothar dulcifié, bien ſec, broyez-le avec portion égale de la meilleure chaux vive. Enſuite réduiſez lé au plutôt en pâte, avec un peu de blanc d'œuf battu, & enduiſez-en ſur le champ les jointures des vaiſſeaux un peu chauffés. Ce lut durcit fort vîte, & retient les ſels auſſi bien que le peut faire le verre. Je me ſers d'un lut plus facile à faire & auſſi bon ; je mêle portions égale de terre glaiſe & de ſable bien pur, de ſorte que cette maſſe paitrie avec de l'eau, ne s'attache pas aux mains ;

mains ; j'y ajoute une quatrieme partie de chaux commune, dont les Ma-
çons se servent. Ce tout fait une pâte
assez épaisse, & plus elle est seche,
meilleure elle est, pourvu qu'elle soit
ductile. Il faut en luter les jointures
des vaisseaux ; elle durcit bien & elle
est très-bonne. S'il arrivoit que par la
violence du feu, elle vint à se crevas-
ser pendant l'opération, on peut boucher ces crevasses avec la même pâte.
Il est plus facile de se procurer ce dernier lut que le précédent, car on ne
trouve pas toujours de bonne chaux
vive à acheter.

Un très-grand inconvénient dans *Enduit des*
la distillation est, lorsque dans un *vaisseaux.*
fourneau fort ardent, où la violence
du feu fait rougir les vaisseaux, il faut
attiser le feu. L'air extérieur qui entre
alors dans le fourneau, ou les matieres combustibles qu'on y ajoute, venant à toucher un vaisseau ainsi rou-
gi, peuvent par leur froideur le faire
fendre ou crever. Ainsi il est très-né-
cessaire d'enduire extérieurement ces
vaisseaux, pour les mettre à couvert
de pareils impressions de froid subit.
La même précaution doit avoir lieu

Tome VI. B

quand on fait des diſtillations à violent feu de ſable, dans des vaiſſeaux
de verre, que ce feu fait preſque fondre; un pareil enduit ſoutient le verre, & l'empêche de ſe fondre. Le
meilleur enduit que je connoiſſe pour
cet effet, eſt compoſé de terre glaiſe
réduite en poudre, mêlée avec du ſable,
& paitrie avec de l'eau pure, en pâte
qui ne s'attache plus aux mains,
& enſuite bien repaitrie avec un peu
de chaux commune. Faites un peu
chauffer votre vaiſſeau, & expoſez-
le à la vapeur de l'eau, enſorte que
ſa ſuperficie en ſoit bien humectée;
enduiſez-le bien également de la pâte
que vous avez préparée, & en la
preſſant avec les mains étendez-la
bien également à l'épaiſſeur que vous
jugerez convenable. Après cela re-
couvrez-la en dehors d'un peu de ſable chaud & ſec, & poſez votre vaiſſeau ainſi préparé dans un lieu preſque froid, où le lut puiſſe ſe ſécher
lentement. S'il s'y fait des crevaſſes,
en ſéchant, rempliſſez-les du même
lut. Quand le tout ſera bien ſec, le
vaiſſeau pourra ſoutenir un feu très-
violent.

Des Fourneaux.

Mon deffein n'eft pas de décrire ici *Différentes ef-*
tous les fourneaux, dont on fe fert *peces de four-*
dans la Métallurgie. On peut, fi l'on *neaux.*
veut en avoir une idée exacte, re-
courir à l'excellent ouvrage de George Agricola, où l'on trouvera ces
fourneaux parfaitement bien décrits,
tant par rapport à la matiere, que par
rapport à la forme, avec toutes les figures néceffaires. Jean Rodolphe
Glauber a donné auffi au Public plufieurs fourneaux de fon invention, fort
propres à faciliter les opérations. Il
me fuffit de renvoyer à ces deux Auteurs, & de me contenter de décrire
les fourneaux néceffaires à ceux qui
voudroient répéter des opérations
que je donnerai dans la fuite.

Un fourneau eft une machine for- *Leur ufage.*
mée de façon qu'elle puiffe contenir,
retenir, & appliquer le feu aux vaiffeaux, dans lefquels le corps qui doit
être changé, eft placé. Un fourneau
doit donc avoir un foier où le feu
puiffe être allumé, confervé & déterminé; une cheminée par où la fumée

puiſſe s'échapper ; un évent par où l'air ſoit admis ; & enfin une bouche, ou ouverture, par où l'on puiſſe introduire la matière combuſtible, deſtinée à entretenir le feu. Il faut, en ſecond lieu, que le fourneau ſoit conſtruit de façon que le feu ſoit conſervé de ſorte, qu'il ne ſe diſſipe pas inutilement, mais qu'il ſoit déterminé à emploier toute ſa force aux opérations qu'on veut faire. Enfin, & en troiſieme lieu, il faut y approprier une place, où les vaiſſeaux qui contiennent le corps qui doit être changé, reçoivent également l'action du feu, au degré déterminé & pendant le tems requis.

Qualités d'un bon fourneau. Le meilleur fourneau dans chaque eſpèce, ſera donc celui qui produira l'effet requis avec le moins de dépenſe, avec le moins de travail, avec le plus de conſtance, avec le plus d'uniformité, & en exigeant le moins la préſence continuelle de l'Artiſte. La premiere condition exige que le fourneau ſoit fait de façon à appliquer toute la chaleur du feu, ſañs aucune diminution, au corps à changer. Pour cet effet il faut qué le fourneau ſoit ſo-

lidement conſtruit & que ſa ſuperficie
interne, ait une figure propre à déterminer toute la force du feu vers le
liéu où il faut qu'il agiſſe. Cette figure
aura encore ce bon effet, qu'elle exi-
gera moins que toute autre la préſence
continuelle de l'Artiſte emploié à at-
tiſer le feu. La ſeconde condition ſera
remplie, ſi la matière combuſtible,
choiſie telle qu'elle doit être, ſe conſume le plus lentement qui ſoit poſſible
en fourniſſant pourtant la chaleur néceſſaire; pour cela il faut obſerver une
proportion convenable entre le foier,
la cheminée & les ouvertures par où
l'air entre. Si cette proportion eſt bien
reglée un Artiſte peut ranger en une
ſeule fois une quantité de matiere
combuſtible ſuffiſante, pour durer pendant un très-longtems. La troiſieme
condition, qui eſt plus importante,
c'eſt que le même degré de feu ſoit en-
tretenu longtems ſans augmentation
ni diminution. Il eſt prouvé en Chymie que tout degré déterminé de feu
produit dans chaque corps un effet
déterminé; un degré plus grand ou
plus petit produira tel ou tel autre
effet. D'où il ſuit qu'il ne peut qu'y
B iij

avoir de la confusion dans les produits d'une opération, si on y emploie
tantôt un plus grand degré de feu &
tantôt un plus petit. Il faut surtout observer qu'un degré de feu plus grand
ou plus petit change la disposition
des corps, de sorte qu'ils donnent
des produits tout différens, lorsqu'ils
sont ensuite exposés à un certain
degré de feu déterminé : & de là nais-
sent souvent des erreurs qui tirent à
conséquence. Voici donc les atten-
tions que l'Artiste doit avoir. 1°. Il
doit considérer la quantité de feu que
le foier du fourneau doit recevoir &
contenir. 2°. La qualité du chauffage
qu'il doit emploier pour l'opération qu'il se propose ; sur quoi je
renvoie à ce que j'ai dit ci-devant.
3°. La force du feu requise pour
chaque opération particuliere ; car
dans un même foier, la même quantité de matiere combustible peut
produire & entretenir tous les degrés possibles de chaleur, à commencer dès le plus petit degré, & à
finir par le plus grand. Mais pour cela
il faut, 4°. que l'air ait un libre accès
au foier. Il faut estimer la force avec

laquelle cet air eſt porté vers le foier ſoit par les foufflets, ſoit par le vent. Il faut même faire attention à la diſpoſition de l'atmoſphère, par rapport à ſa peſanteur, ſa légereté, humidité, ſéchereſſe, chaleur & froid; car lorſque le baromètre indique la plus grande peſanteur de l'air, & qu'avec cela concourt un grand froid, qui condenſe tous les corps, & un tems fort ſec, alors le feu brûle fort clair & avec une très-grande vivacité. 5°. Il faut ſurtout faire attention à la maniere dont le feu ſort du foier; car il eſt clair qu'il produit fort peu d'effet lorſqu'il peut s'échapper de tous côtés par des routes larges & faciles, & qu'au contraire on profite de toute ſa force, lorſque ſon action eſt réunie & déterminée vers le lieu où l'on veut qu'il l'exerce. Voilà les principes qui doivent être ſuivis dans la conſtruction des fourneaux. Je vais à préſent décrire ceux dont je me ſers dans ce cours d'opérations, tels qu'ils ſont néceſſaires à quiconque veut s'appliquer à l'étude de la Chymie. Je commencerai par le plus ſimple de tous; je l'ai inventé, il y a plus de quarante ans, & m'en suis servis avec succès dans un tems, où je voulois faire plusieurs opérations à la fois dans un fort petit Laboratoire, & sous une cheminée assez petite. En voici la construction.

Faites avec de bonnes planches de chêne bien sec un prisme quarré, creux, tel que A B C D, dont la base AB ait neuf pouces de côté, & dont la hauteur A C soit de quatorze pouces. A la hauteur de cinq pouces du fond séparez ce prisme en deux, par le moien d'une planche d'un pouce d'épaisseur, I L M S; la partie de dessous A B I S servira de foier; & dans celle de dessus, qui reste de huit pouces de haut, se place la retorte ou la cucurbite, d'où l'on veut faire la distillation. Cette planche de séparation est percée d'un trou rond PP de cinq pouces de diametre, qui reçoit le fond de la cornue ou de la cucurbite. Outre cela cette planche est encore percée de quatre trous Q Q Q Q, d'un pouce de diametre, pour laisser le passage libre à la chaleur qui monte au foier, dans la partie supérieure du fourneau. Ce foier doit avoir une por-

te R S T V, qui fe meuve fur des
gonds, & qui foit de la grandeur d'un
des côtés du foier, c'eft-à-dire, de
neuf pouces de large & de cinq pouces de haut. Tout le dedans du foier
doit être garni contre le feu, de tôle,
ou d'une feuille de cuivre. La porte
doit être percée de quatre trous
XXXX d'un pouce de diametre, pour
donner accès à l'air; & chacun de ces
trous doit avoir fon bouchon de bois
cylindrique, tel que Z, afin qu'en les
bouchant, ou les ouvrant à volonté,
on foit le maître d'y laiffer entrer autant ou auffi peu d'air qu'on veut. Il
faut avoir foin que cette porte foit
faite de bois bien fec, afin qu'elle
ne fe déjette point. La partie fupérieure du fourneau eft compofée de
quatre planches, dont celle qui eft
contigue au côté où eft la porte du
foier, doit avoir au milieu de fa partie fupérieure un trou quarré $f g h i$ de
quatre pouces & demi de large. Le
bord intérieur de ce trou doit être
taillé en rainure d'un demi-pouce de
profondeur, vers le bas, & des deux
côtés; & deux tringles qu'on cloue
en dedans de ce bord, le long de ces

côtés, achevent d'en faire une coulif-
fe, qui reçoit une petite planche *f p*
h p de même bois, taillée de façon
qu'elle ferme exactement ce trou quarré, lorſqu'on n'en a pas beſoin, &
qu'on veut diſtiller à la cucurbite,
faire une digeſtion dans un matras,
ou une évaporation à vaiſſeau ouvert.
Mais lorſqu'on veut adapter au fourneau une cornue on gliſſe dans la cou-
liſſe une autre planche *k p*, *n p*, percée au milieu d'un trou rond *o*, de
d. ux pouces & demi de diamètre, par
lequel paſſe le col de la cornue. Le
deſſus du fourneau ſe ferme à deux
battans à gonds, *C b*, *D a*, *G d*, *H c*,
qui laiſſent au milieu un trou rond *t t*
de cinq pouces de diamètre, pour
donner paſſage au col du matras, ou
de la cucurbite, placée dans le fourneau, & lorſqu'on ſe ſert d'une cornue on ferme ce trou avec un couvercle, auſſi de bois, de ſix pouces de
diamètre. Pour ſe ſervir de ce fourneau, on place au foier une petite
terrine *q*, qui ait trois pieds d'un demi pouce de haut ; cette terrine quarrée & à fond plat a cinq pouces &
demi de côté extérieur, & de hauteur

en tout trois pouces & demi. Il faut couvrir le fond de la terrine, de cendre criblée, à un quart de pouce de hauteur, & poſer ſur cette cendre une tourbe de Hollande, réduite en un charbon bien ardent, & qui ne rende plus aucune fumée. Ce charbon légèrement recouvert de cendre criblée, donne pendent près de vingt - quatre heures une chaleur égale, & douce au point que le corps humain peut la ſupporter. Moins on couvre le charbon de cendres, plus il donne de chaleur, mais il ſe conſume plus vîte. Ce fourneau ainſi garni ne donne ni fumée ni mauvaiſe odeur, & la chaleur en eſt ſi égale & ſi douce, que je crois qu'on y pourroit faire éclore des œufs. On peut cependant le chauffer au point de l'eau bouillante & même audelà. On peut donc y faire commodément & à petits frais, toutes ſortes de digeſtions, les diſtillations des eaux, des liqueurs ſpiritueuſes, des ſels volatils alkalins, de tous les ſels volatils aromatiques & huileux, toutes les teintures, les évaporations & les exhalaiſons pour les cryſtalliſations. J'y ai même fait, au grand éton-

B vj

nement d'un vieux & expérimenté Chymiſte, l'eſprit de nitre, & l'eſprit de ſel, à la maniere de Glauber. J'ai donné à ce fourneau le nom de fourneau d'Etudiant.

Autre four-neau.

En voici un autre très-commode lorſqu'on a beſoin d'un plus grand degré de chaleur & qu'on veut diſtiller à feu de ſable : je le fais portatif afin qu'on puiſſe en débarraſſer le ſoier du Laboratoire après qu'on s'en eſt ſervi.

PLANCHE XIV.

Soit un cylindre creux de tôle, tel que C D G H de dix-ſept pouces de diamètre, & de dix-neuf de hauteur, ouvert par en haut, & fermé par en bas d'une plaque de tôle C D. On lui fait trois pieds de fer tels que A C, B D, de douze pouces de hauteur ; & l'on recouvre la plaque de tôle du fond, d'une plaque de cuivre, de peur que le ſel des cendres ne ronge la tôle. Trois petites avances de fer, telles que E & F qui tiennent au dedans du cylindre, ſoutiennent à quatre pouces du fond une grille E L M F, compoſée d'un anneau plat de tôle Y, de trois pouces & demi de large, & de cinq ou ſix petites barres de fer, d'un demi-pouce d'épaiſſeur, & qui placées à un pouce de diſtance les unes des autres, occupent le trou rond que cet anneau comprend. Le cendrier qui eſt ſous cette grille, doit avoir une porte de tôle à gonds, NOPQ, de quatre pouces de haut & de ſix de large, & qui ferme bien. L'ouverture RSTV de la porte du foier, doit être éloignée de trois pouces de la grille, & être de ſix pouces de largeur & de quatre & demi de hauteur. Soit tracée une ellipſe dont la diſtance entre les foiers ſoit de quinze pouces, coupée à chaque foier d'un cercle de cinq pouces de raion, & qu'on faſſe un modele *b c d e* de bois, de la moitié de cette ſection entre les deux cercles; la révolution de ce modèle ſur le côté *b e*, qui eſt une partie du grand axe de l'ellipſe, formera la la cavité IKLM du fourneau, qui doit être faite de briques, maçonnées proprement à chaux & à ſable. Mais avant de maçonner l'intérieur de ce fourneau, il faut faire le fermoir *a* & *z* du foier. Il doit être de même tôle que le cylindre, & courbé de ſorte, qu'il s'applique exactement à ce cylindre. Il doit déborder de tous côtés d'un

demi-pouce l'ouverture qu'il bouche; il
faut lui attacher au-dedans un fegment
creux, précifément de la grandeur de
cette ouverture, & dont les parois
des deux côtés foient dirigées vers le
centre du cilindre ; les parois fupérieure & inférieure, parallèles à la bafe du foier, & la coupe interne de
ce fermoir doit faire une partie de la
cavité ellipfoïde du fourneau. Il faut
auffi maçonner le dedans de ce fegment, de manière que lorfque le fermoir eft placé dans l'ouverture du
foier, il faffe exactement partie de la
tour maçonnée. Au haut de la tôle,
qui forme le cilindre du fourneau, &
du côté de la porte du foier, il faut
faire une échancrure H K, en fegment de cercle, de trois pouces
de large & de deux de profondeur,
pour laiffer paffer le col de la cornue;
lorfqu'on en emploie une pour la diftillation. Enfin, il faut boucher le haut
de la tour par le moien d'un baffin de
fer I X K qui foit bien cimenté tout
autour, en laiffant pourtant dans la
maçonnerie quatre petites cheminées
en forme de demi-lunes, qui ayent au
bord du baffin un pouce de largeur

& deux pouces de courbure. C'eſt par
là que s'échappe la fumée, & que le
feu a de l'air. Ce fourneau eſt propre
pour les diſtillations qui ſe font avec
la curcurbite, la cornue, ou le matras; & comme il eſt portatif, il eſt
d'un très-grand uſage.

Un troiſieme fourneau dont on ne *Troiſieme*
ſçauroit ſe paſſer dans un Labora- *fourneau.*
toire, eſt celui dont on ſe ſert pour PLANCHE
le Bain-Marie. Ce fourneau A B G H XV. Fig. 1. 2.
eſt le même que le précédent, ſi ce
n'eſt qu'il n'y a qu'une diſtance de huit
pouces entre la grille C D E F & le
fond I K de la chaudiere de cuivre H I.
Cette chaudiere eſt affermie par du
ciment dans la partie ſupérieure du
fourneau; ſa profondeur eſt de douze
pouces; elle a vers le haut un rebord
horizontal L G, de la largeur d'un
pouce, c'eſt par là qu'elle repoſe &
ſe ſoutient ſur le fourneau. Au-deſſus
il y en a un autre perpendiculaire
G M, de la même largeur. F G H I eſt PLANCHE
un autre vaiſſeau conſtruit de façon XV. Fig. 5.
que quand on le place dans la chaudiere, il laiſſe de tous côtés un intervalle d'un pouce, & s'éleve au-deſſus
du fourneau à la hauteur de cinq pou-

ces. A douze pouces de son fond ce
vaisseau a un bord K L recourbé de
maniere qu'il embrasse juste le bord
perpendiculaire de la chaudière, &
cela afin que ces deux vaisseaux ferment bien quand on les joint ensemble. Sur ce bord K L il y a un tuiau M,
par lequel on peut verser de l'eau dans
la chaudiere, afin de remplir l'intervalle qui y reste vuide. Le col du vaisseau G H, reçoit un alambic, dont le
bec peut s'ajuster à un serpentin d'é-
PLANCHE tain, qui traverse un tonneau rempli
XV. Fig. 6. d'eau; on peut aussi lui appliquer un autre alambic *o p q*, qui se termine en un
long tube cylindrique *q r s t*, recourbé
en *r* & terminé par le bec *s t* ; j'ai déja
décrit ci-devant cet alambic ; on s'en
sert pour la distillation de l'alcohol.
PLANCHE Enfin l'on a un autre couvercle P Q
XII. Fig. 3. XY, dont la partie PS embrasse aussi le
bord perpendiculaire de la chaudiere
qui contient l'eau du bain ; ce couvercle se termine en un col cylindri-
PLANCHE que TVXY, qui reçoit aussi un alam-
XV. Fig. 4. bic *a b c d e*, propre à s'ajuster à un
serpentin. Ainsi on peut se servir de ce
fourneau, pour les distillations communes de toutes sortes de végétaux

avec de l'eau, de toutes les réfines, des baumes, & des gommes dont on veut tirer les huiles effentielles avec de l'eau. On peut auffi l'employer très-commodément aux diftillations qui fe font par le moyen d'un bain de vapeur ou bain-marie, & cela dans tous les degrés de chaleur au-deffous de 212. Enfin ce fourneau eft d'un très grand ufage quand on veut préparer en une feule fois une grande quantité d'alcohol de vin, qu'on ne fauroit préparer autrement fans beaucoup de tems, de feu, de travail & de dépenfes. Ces raifons m'ont engagé à en donner une figure exacte, afin qu'on puiffe fe former une jufte idée de fa conftruction.

Il faut encore avoir dans un laboratoire un fourneau de fufion, qui *Quatrième fourneau.* puiffe foutenir un très - grand feu. PLANCHE. Je vais décrire celui qui me paroît le XVI. meilleur. On doit premierement conftruire une bafe de pierre *a b c d*, terminée en voute en *c d* & haute de trois pieds, parce qu'il faut que ce fourneau ait la porte de fon foier affez élevée pour que l'Artifte puiffe regarder dedans, fans être obligé de fe baiffer. Sur cette bafe on fait le cen-

drier *c d e f*, haut de cinq pouces ; on
place au-deſſus du cendrier une grille
e f i h, faite de barres de fer d'environ un pouce d'épaiſſeur, & éloignées preſque d'un pouce les unes
des autres. La baſe du cendrier & la
grille ſont de figure circulaire, &
ont douze pouces de diamètre ; enſuite on continue cette cavité cilindrique, juſqu'à la hauteur de ſix pouces au-deſſus de la grille en *k* & *l*, &
là on lui donne la figure d'un cône paraboloïde *k m n l*, dont l'axe eſt de
huit pouces & l'ordonnée inférieure
de ſix ; par conſéquent le parametre
eſt de quatre pouces & demi, & le
foier eſt un pouce & un huitieme du
ſommet. Lorſque cette cavité para-
boloïque eſt élevée à la hauteur de ſix
pouces au-deſſus de ſa baſe cilindrique, il faut la continuer en une cheminée cilindrique *m n o p*, qui ait trois
pouces de diametre, & qui ſoit haute
de deux pieds. A la partie antérieure
du foier, & deux pouces au-deſſus
de la grille, il faut faire une porte large
de cinq pouces, haute de ſix, & terminée à ſa partie ſupérieure par un arc
de cercle de douze pouces en diame-

tre. A un pouce au-deſſus de la voûte
de la porte, on doit percer le fourneau
d'un trou conique, dont l'ouverture
ait deux pouces en diametre ; ce trou
ſert à regarder dans l'intérieur du fourneau, lorſqu'il importe de voir ſi la
matiere, contenue dans le creuſet,
eſt fondue ; on le bouche avec un
bouchon de même figure, qu'on
peut mettre ou ôter à volonté.
Ce fourneau, tel qu'il vient d'être
décrit, doit être conſtruit de bonnes briques, bien maçonnées, &
enduites en dedans de chaux très-ſe-
che ; il faut que l'épaiſſeur de ſes parois $u\,a$, $y\,q$, $b\,x$, $s\,z$, ſoit de cinq
pouces ; car il faut qu'il ſoit fort pour
reſiſter au feu, qui agit ſur-tout avec
une prodigieuſe violence au milieu
de ſon axe, & contre ſa partie ſupérieure, comme il eſt aiſé de le démontrer géométriquement. Son ouverture
doit être bouchée d'une porte de fer
qui ferme bien, & il eſt à propos que
le fond du cendrier ſoit une plaque de
fer, afin de ne pas perdre ce qui pourroit tomber à travers les grilles du
foier.

Il eſt encore néceſſaire d'avoir dans *Cinquieme fourneau.*

les laboratoires un fourneau particulier pour tirer les fels acides du nitre,
du fel marin, du fel de fontaine, du
fel gemme, du vitriol & de l'alun.
Après en avoir éprouvé plufieurs,
voici celui qui m'a paru le meilleur.
On conftruit premierement fur le pa-
vé & au - deffous de la cheminée du
laboratoire, un parallèlepipede tel
que A F, dont la largeur A B eft de
vingt pouces, & la longueur B G
de trente-huit. La largeur de fa cavité
eft de douze pouces, & fa longueur
de vingt-huit, ce qui fait connoître
l'épaiffeur de fes parois. On éleve da-
bord ce fourneau à la hauteur de onze
pouces, & on fait à fa partie antérieure une ouverture H I K L haute auffi
de onze pouces, large de quatre, &
environnée d'une rainure pour qu'on
puiffe y ajufter une porte & la fermer
quand on veut. C'eft là le cendrier &
l'évent du fourneau. Dans cet endroit
on place, au lieu de grille, des barres
de fer d'un pouce d'épaiffeur, figurées
en prifme, de la longueur de quatorze pouces, éloignées d'un pouce l'une
de l'autre, & pofées parallèlement à
la bafe A B. Au-deffus de la cavité

PLANCHE
XVIII.
Fig. 1.

du parallèlepipede on décrit une el-
lipfe , dont les foiers font à vingt-
deux pouces l'un de l'autre , & dont
le petit diametre eft de douze pouces ,
de façon que fa largeur , tant au commencement qu'à la fin , foit environ
de dix pouces. Enfuite on conftruit
fous cette forme elliptique une cavité
de quatre pouces & demi de profondeur , & qu'on revetit extérieurement
de maniere qu'elle ait la figure d'un
parallèlepipede. Dans la partie antérieure, à trois pouces au - deffus du
bord fupérieur du cendrier , on fait
l'ouverture du foier M N O P, à laquelle on donne neuf pouces de hauteur fur fept de largeur , & qui fe ferme exactement avec une porte de fer
à gonds ; la partie inférieure de cette
ouverture doit avoir une pente d'un
pouce & demi vers l'intérieur du fourneau. Au plus long côté de ce fourneau, on fait une ouverture voûtée
Q S R V , dont la bafe Q R eft à dix
pouces au-deffus de la grille ; la longueur de cette bafe eft de vingt pouces ; la hauteur de l'ouverture depuis
V en S eft de douze pouces ; & la
voûte a la figure d'une éllipfe dont

les foiers font à vingt pouces de diftance, & dont le petit diametre eft de
vingt-quatre pouces. Cette ouverture
fert à placer dans le fourneau, & à
retirer les pots où fe fait la diftillation;
l'extrémité de ces pots, qui eft en dedans du fourneau, repofe fur une avan-
ce d'un pouce & demi pratiquée dans
le côté oppofé à neuf pouces au-deffus de la grille. Au haut de ce même
côté on fait un trou, qui a trois pouces en quarré, & deux en hauteur,
pour fervir de cheminée. Enfuite on
conftruit la voute du fourneau, à laquelle on donne une figure élliptique,
qui a fon point vertical à vingt-un
pouces de la grille; & dont le grand
diametre eft de vingt-deux pouces,
tandis que le petit diametre n'eft que
de dix. Ainfi cette voute eft formée
par la rotation d'une éllipfe qui a ces
dimenfions, & qui tourne fur fon axe,
placé à feize pouces de la grille. Quand
on veut fe fervir de ce fourneau pour
diftiller, on emploie deux pots ci-
lindriques, faits de grez, hauts de
onze pouces, larges de neuf, & qui
ont un col cilindrique long de cinq
pouces, & de trois pouces & demi en

diametre ; on les place dans le fourneau dans une fituation horifontale
& parallele, & de façon que leur extrémité poftérieure repofe fur l'avan-
ce dont il a été parlé, & leur partie
antérieure fur la bafe de l'ouverture
du fourneau, qu'on bouche entiérement par un ouvrage de maçonnerie,
qui environne & affermit les cols de
ces pots. A chaque pot on ajufte un
appendice ou canal cilindrique, auquel on applique un récipient. Ce
fourneau eft d'ufage quand il s'agit
d'exciter un très-grand feu, & on
peut s'en approcher fans courir aucun
danger ; il eft conftruit de façon que
toute la force du feu s'applique fur la
matiere qui doit être diftillée, & par
le moyen du cendrier il eft aifé de
difpofer comme il faut de la matiere
combuftible qu'on y jette.

Il y a un autre fourneau dont fe *Autre four-neau.*
fervent les Effayeurs ; mais il a été fi
bien décrit par Lazare Erker, &
George Agricola en a donné la figure fi exactement, que je ne pourrois
rien ajouter à ce qu'en difent ces deux
excellens Auteurs.

Quant au fourneau qu'on emploie

pour les diftillations qui fe font avec la veffie, l'alambic, le ferpentin & le réfrigerant, il eft trop connu pour qu'il foit néceffaire d'en parler. Je crois donc m'être fuffifamment étendu fur cet article ; ainfi il eft tems que je termine ici la premiere & la feconde partie de ces Elémens de Chymie.

Comme *M. Boerhaave* n'eft entré dans aucun détail particulier fur ce qui concerne les opérations de Chymie en général, nous avons cru devoir en donner une idée fuccinte, en faveur des Etudians qui fe ferviront de ces Elémens. C'eft des élémens de Chymie de *M. Catheufer* que nous avons tiré le détail qui fuit.

IDE'E

IDÉE GÉNÉRALE

DES

OPÉRATIONS DE CHYMIE.

LES Opérations de Chymie, considérées sous leur point de vue le plus général, peuvent se réduire à la *Syncrese* & à la *Dyacrese*, ou tenir de l'un & de l'autre de ces deux effets ; du reste, la fin de ces Opérations est de dissoudre, de combiner, d'altérer & de purifier ; c'est ce que l'on fait par la *Distillation*, la *Sublimation*, la *Rectification*, la *Solution*, l'*Extraction*, la *Précipitation*, la *Calcination*, l'*Infusion*, la *Vitrification*, la *Réduction*, la *Révivification*, la *Cristallisation*, &c.

De la Distillation.

Distiller, c'est tirer des mixtes dissous, des parties qui sont ou d'une nature purement aqueuse, ou aqueuse-huileuse, ou aqueuse-spiritueuse-inflammable, ou saline, ou mixte, c'est-

à-dire , saline-inflammable , ou saline-
huileufe - inflammable ; ces parties
font diffipées en vapeurs ou en fumée,
puis condenfées & rapprochées les
unes des autres , pour fe réunir en une
nouvelle maffe , & paffer dans un vaiffeau adapté à celui dans lequel fe fait
la Diftillation ; par conféquent cette
Opération fe rapporte particuliére-
ment à la Dyacrefe. Quoique la Diftillation fuppofe toujours que le corps
à diftiller à des parties humides qui
puiffent s'en détacher , on ne laiffe
pas de la diftinguer en *feche* & en *humide* ; dans *Diftillation feche* , on fait
fimplement diftiller les corps , foit
qu'ils foient fecs ou un peu fucculens , fans y ajouter d'eau fimple , ou
tels autres liquides qu'on jugeroit à
propos ; dans le *Diftillation humide* ,
on jette fur la fubftance à diftiller de
l'eau fimple , ou quelqu'autre liqueur
appropriée à l'effet que l'on fe propofe. Les vaiffeaux , le feu , la maniere
de procéder, tout cela varie fuivant les
différentes matieres que l'on a à diftiller , & la fin à laquelle on veut arriver.
Les fubftances les plus légeres & les
plus volatiles , qui n'exigent pour fe

détacher & s'élever, qu'un feu très-
doux, se distillent ordinairement dans
des alambics de verre ou de cuivre.
On appelle cette distillation *per adf-
cenfum*, parce qu'effectivement les
parties qui se détachent du mixte que
l'on distille s'élevent vers la parois supérieure du vaisseau qui les contient,
pour se réunir & passer dans le récipient. Les plus pesans, qui sont rela-
tivement plus fixes, veulent un plus
grand feu, & ne peuvent se résoudre,
se séparer, monter & sortir, que
poussés par un feu violent, & se distiller que dans des retortes de verre ou
de grez nus ou lutés; cette maniere
de distiller s'appelle *ad latus*, parce
que les matieres qui distillent, sortent
par les côtés du vaisseau qui les renferment. On peut encore faire distiller
ces matieres dans des vaisseaux particuliers plus appropriés. Nous en par-
lerons dans la suite.

La Distillation s'étend fort loin &
elle est d'un très-grand usage, parce
que c'est par son moyen que se préparent, ou se tirent différens corps,
des eaux-actives, des esprits salins-
acides, des esprits salins-urineux;

des esprits inflammables, des esprits
mixtes, c'est-à-dire, acides inflammables, ou des sels volatils-liquides,
des huiles éthérées & empyreumatiques.

Des Eaux distillées.

On distille l'eau, ou pour la purifier, ou on la verse seule, ou mêlée avec un peu de vin sur quelque
mixte pour l'en faire distiller plus ou
moins empreinte des particules acti-
ves-volatiles de ce mixte.

Les eaux actives préparées se distinguent, par rapport à l'eau ou au vin
que l'on y fait entrer, en purement
aqueuses & en *vineuses-aqueuses* ; eu
égard aux matieres qui entrent dans
la composition de ces eaux, on les
nomme *simples* ou *composées*. On ne
doit prendre dans les trois regnes de
la nature que des mixtes qui ayent
une odeur forte, & par conséquent un
principe huileux - spiritueux - balsa-
mique, ou quelqu'autre principe volatil pour préparer ces eaux, & on
ne doit en aucune façon employer
ceux qui sont sans odeur, dépourvûs
de principes volatils, & qui par con-

féquent ne peuvent communiquer au-
cunes parties actives à la liqueur que
l'on diſtille.

On fait diſtiller les mixtes ou entiers ou coupés, ou écraſés, ou même s'ils ſont ſucculens on les réduit
en pulpe, tantôt en les faiſant macérer dans de l'eau un peu ſalée, tantôt
en les faiſant diſtiller ſur le champ,
ſurtout s'ils ſont tendres, mols &
ſucculens.

La Diſtillation *per adſcenſum* ſe
fait dans des alambics de verre ou de
cuivre bien étamés en dedans, & garnis d'un réfrigérant ; d'abord à petit
feu, que l'on augmente de ſuite peu
à peu juſqu'à ce que le véhicule bouil-
le, ce qui ſe connoît par le frémiſſe-
ment que l'on entend dans l'alambic ;
c'eſt alors que l'on voit la matiere qui
diſtille ruiſſeller dans le récipient, ſi
la diſtillation ſe fait dans un alambic
de cuivre, ou ſimplement paſſer goutte
à goutte, ſi on ſe ſert d'une cucurbite :
du reſte, on doit obſerver de nettoyer
le canal du réfrigérant pluſieurs fois,
en y jettant de l'eau avant que de
commencer la diſtillation ; de ne remplir l'alambic qu'aux deux tiers, de

crainte que les fimples ne viennent à
fe gonfler, & à paffer en partie avec
la liqueur dans le récipient ; de ne
tirer que la premiere moitié de ce
qui peut fe diftiller, fi on a verfé une
affez grande quantité d'eau fur les fimples que l'on diftille, parce que les
molécules actives paffent d'abord
avec l'eau, fi bien que celle qui fort
en dernier lieu n'a prefque plus de
vertus ; il eft auffi à propos de reverfer l'eau qu'on a tirée fur des fimples
frais de la même efpece pour lui donner plus d'odeur & d'activité, & pour
cet effet, de la diftiller ainfi fur des
fimples nouveaux jufqu'à deux ou
trois fois.

On expofera enfuite au foleil pendant quelques jours les eaux diftillées
renfermées dans des vaiffeaux de verre bien bouchés ; puis on les confer-
-vera pendant quelques temps dans un
cellier, ou dans quelqu'autre endroit
un peu frais, parce qu'elles acquierent
par ce moyen un odeur bien plus gracieufe & un caractere bien plus fpiri-
tueux ; que les particules actives fe dé-
veloppent & fe réfoudent bien mieux ;
que le mouvement inteftin s'y fait

pendant plus de temps, &c.

Des Esprits acides.

Par *Esprits* on entend en général, en Chymie, des liqueurs mobiles, volatiles, actives, composées d'eau & de particules ou salines ou inflammables, ou salines - inflammables, plus ou moins intimement unies à l'eau, & dans un mouvement intestin, continuel & violent ; c'est pourquoi on les distingue, eû égard à leurs principes actifs, en esprits salins-acides, en salins-alkalis ou urineux, ou sulphureux, ou inflammables, & en mixtes, c'est-à-dire, en salins-sulphureux & en sulphureux-salins.

Les *Esprits acides* sont composés d'eau & de particules salines-acides, très-seches par elles-mêmes & fort fumantes, lorsqu'elles viennent à former un amas épais & pur ; cependant les parties salines sont simplement mêlées avec les aqueuses sans s'y unir étroitement ; c'est ce qui fait que les plus subtiles abandonnant les plus pésantes, le phlegme s'évapore en peu de

temps dans les vaisseaux ouverts. Une
certaine substance inflammable très-
tendre se trouve quelquefois unie en
très-petite quantité à ces particules
acides, & leur est si étroitement adhérente, qu'il est très-difficile, & souvent même impossible, de l'en séparer.

Les Esprits acides & les liqueurs
spiritueuses de cette espece, renferment plus ou moins d'acide dans leur
phlegme, & ils different beaucoup
par leur caractere, leur pesanteur spécifique, leur volatilité, leur acrimo-
nie, leur puissance d'agir, & quelqu'autres propriétés singulieres. En
effet, l'acide du vitriol, par exemple,
pese plus, & est plus fort que l'acide
nitreux, celui-ci plus que l'acide du
sel marin, l'acide du sel marin plus
que l'acide du vinaigre ou le végétal;
& le concret salé qui se forme de l'u-
nion d'un alkali fixe avec l'acide vitriolique, est bien différent de celui
qui résulte de l'union de ce même alkali avec l'acide nitreux, le marin ou
le végétal.

Les meilleurs Esprits acides, &
ceux dont on fait le plus d'usage, se

tirent du vitriol, du foufre minéral, de
l'alun, du nitre, du fel marin, du tartre, du vinaigre, du fuccre, du miel
& des fourmis. Nous devons néanmoins obferver que le feu feul, quelque violent qu'il foit, ne fuffit pas
pour détacher les parties acides des
alkalines du nitre & du fel marin, &
qu'on eft obligé d'y ajouter quelques
ingrédients fournis d'un acide vitriolique plus puiffant, comme l'alun brûlé, le vitriol calciné, des terres limo-
neufes, des bols, & autres femblables,
ou l'huile même de vitriol, qui réuf-
fit mieux que tous les autres ingré-
dien ; nous ne devons pas taire que
le foufre minéral ne lâche jamais fon
acide fous la forme de fumée fpiritueufe, qu'en le brûlant & après fa
déflagration.

On diftille les Efprits acides dans
des cornues de verre nues, & au bain
de fable, ou dans des cornues lutées
que l'on place immédiatement au milieu de charbons embrafés. Nous devons cependant en excepter l'acide
du vinaigre que l'on tire commodément à l'alambic, & l'huile de vitriol
que l'on peut tirer *per defcenfum*, en

C v

renverſant le vaiſſeau qui renferme
les matieres à diſtiller ſur un autre qui
reçoit ce qui diſtille de ces matieres.

Le degrés de feu néceſſaire pour la
diſtillation des eſprits acides varie ſuivant la diverſité des ſujets & l'union
plus lâche ou plus forte des principes ;
par exemple, l'eſprit de vinaigre, de
manne, de ſucre, de miel, &c, ſe tire
avec un feu fort doux ; le vinaigre &
l'eſprit de ſel , en demandent un plus
fort ; & ce n'eſt qu'à un feu beaucoup
plus fort encore que l'on tire l'eſprit
de nitre & celui du vitriol. Ces eſprits
ne diſtillent pas non plus ſous la même forme , les uns ſortant ſimplement
goutte à goutte, comme l'eſprit de vinaigre ; d'autres s'amaſſant en partie
par gouttes & paſſant en partie comme
des nuages , ou brillant comme dans
l'eſprits de nitre , ou blanchâtres comme dans tous les autres.

Les *clyſs* aqueux ſont fort anal-
gues aux eſprits acides, par leur caractere & leur force ; c'eſt-là pourquoi nous en parlons ici , quoiqu'ils
ſoient bien différents, par la maniere
dont on les prépare, puiſqu'on ſe ſert
pour cet effet de grandes cornues de

terre lutées & tubulées, garnies d'un
long tuyau intermédiaire & d'un
grand récipient ; ce qui fait aussi que
cette maniere d'opérer a plus de rapport à la distillation. On divise les
clyfs, en clyfs de petit, de moyen
& de grand appareil ; mais cette dif-
tinction ne paroît de nulle conséquence, puifqu'il importe peu qu'on fe
ferve de deux, trois, quatre, ou d'un
plus grand nombre d'infrumens pour
cette préparation.

Voici comment fe fait la distillation
per defcenfum. On prend deux grands
vaiffeaux de terre figurés de maniere qu'en les plaçant fur un cercle
de terre percé de plufieurs trous, le
fupérieur paroît, par ce moyen, fi bien
adapté avec l'inferieur, qu'ainfi réunis
ils reffemblent à un œuf ; c'eft fur ce
cercle que fe placent les matieres que
l'on veut diftiller de cette façon. On
pofe le vaiffeau inférieur bien luté
dans un creux fait exprès, jufqu'à fa
commiffure, & onen approche d'abord
de la cendre chaude mêlée de feu,
puis des charbons ardens ; on le couvre enfuite du vaiffeau fupérieur, &
on échauffe le tout autant comme on

le croît néceſſaire pour la diſtillation
des matieres renfermées dans ce vaiſſeau.

Des Eſprits urineux.

Les *Eſprits urineux* ou *alkalis* ſont
compoſés de phlegme, d'un ſel urineux très mobile, fort volatil & actif, tantôt plus pur, tantôt plus im-
pur, c'eſt-à-dire, plus ou moins empreint de particules huileuſes, empyreumatiques & fétides ; de maniere
cependant que leurs élémens ne ſont
pas étroitement unis les uns avec les
autres, & que la partie ſaline ſe trouve ſimplement diſſoute dans le ſel.

Tous les ſels urineux ſont compoſés d'une grande quantité de terre fort
tendre & ſolube, d'un peu d'acide,
& d'une ſubſtance ſubtile, huileuſe
inflammable, qui ſe développe moyennant un mouvement de pourriture, ou
un feu ſec plus ou moins violent : il
n'y a aucune différence eſſentielle entre les ſels urineux les plus purs, de
quelques mixtes qu'on les ait tiré ;
& s'il s'y en trouve, elle ne provient
que de l'huile empyreumatique qui
s'y mêle, cette huile ne pouvant ſe

mêler parfaitement avec ces efprits,
& ne faifant fimplement que s'infi-
nuer dans leurs pores ; c'eft-là pourquoi on peut facilement transformer
l'efprit pur, volatil de fel ammoniac,
ou autre, en lui ajoutant une certaine huile empyreumatique fpécifique ;
c'eft ainfi, par exemple, qu'en y
ajoutant un peu d'huile d'yvoire, ou
de corne de cerf ou de pied d'élan, ou
de crâne humain, ou de fang, &c, on
en fait un fel volatil d'yvoire, de corne de cerf, de pied d'élan, de crâne
humain, de fang, &c, fi parfait & fi
femblable par fa nature, & par fes
forces, que l'on ne peut diftinguer
ces efprits factices de ceux que l'on
tire de ces mixtes. Deux fortes de
fimples fourniffent de l'efprit urineux
dans la diftillation feche ou humide.
En effet les uns, tels que font les différentes plantes, fur tout les ameres
lorfqu'elles fontencore entieres & fans
pourriture, avant la diftillation, ne
renferment pas la miette de fel urineux, & ce fel fe forme enfin moyennant l'action violente du feu, ou la
putréfaction, qui font réfoudre ou
changent plus ou moins les particu-

les terreufes-acides & huilleufes-in-
flammables , parce qu'il fe fait alors
une nouvelle fyncrefe. D'autres mixtes , au contraire , du nombre def-
quels font le fel ammoniac , les os ,
les cornes , les dents , les ongles , la
chair , le fang , l'urine , &c , des animaux , renferment un fel urineux tout
formé avant leur diftillation ; c'eft ce
qui fait qu'on en tire uniquement
ces efprits , ou au moins en grande
partie ; je dis en grande partie , car
ce fel urineux fe développe de même
dans des corps tirés du regne animal
& fuffifamment garnis de tous les élémens néceffaires pour cet effet ; ainfi
le fel urineux qui s'en tire mérite en
partie d'être mis au nombre des nouveaux produits , & en partie au nombre des principes qu'on ne fait que
féparer.

On fe fert quelquefois d'une cucurbite , que l'on place dans un bain de
fable , pour diftiller les efprits , &
tantôt , ce qui eft plus ordinaire , on
fait ufage d'une cornue de terre lutée
que l'on place immédiatement , fur les
charbons , ou en y ajoutant quelque
chofe , ou fans y rien ajouter. Ce qu'on

y ajoute sert quelquefois à la dissolution du corps, à la séparation du principe urineux, en ôtant l'acide qui sert
de lien ; tels sont la chaux vive, les
cendres gravelées, le sel de tartre &
les autres sels fixes alkalis., ajoutés au
sel ammoniac. Quelquefois cet ingrédient s'oppose à la trop grande ex-
pension de la matiere liquide, ou un
peu épaisse, que l'on distille, de l'u-
rine, par exemple, du sang, &c, &
empêche la substance de ces mixtes
de passer ; tels sont le sable, les cendres gravelées, la corne de cerf brûlée, pulvérisée, & autres semblables.
Le degré de feu doit aussi varier suivant la diversité des vaisseaux &
des sujets que l'on a à traiter ; par
exemple, l'esprit de sel ammoniac,
d'urine, de sang liquide, &c, que l'on
distille toujours au bain de sable dans
une cucurbite, demandent un feu plus
doux ; les corps liquides ou mols
desséchés ou même encore plus solides, durs, compacts, comme les os
secs, que l'on distille dans des cornues de terre garnies de lut, exigent un bien plus grand degré de feu.
Nous devons cependant observer

qu'on ne doit employer dans le commencemement de la distillation qu'un feu très-modéré pour empêcher que les nuages trop violens ne venant à s'élever en trop grande quantité, & avec trop de vîtesse, ne cherchent une issue à travers les fentes du tuyau intermédiaire ou du récipient, & ne fassent fracasser les vaisseaux. Nous devons encore ajouter ici qu'il y a différens esprits urineux concentrés, que l'on peut préparer en plus grande quantité & à moins de frais qu'on ne le fait, en les tirant à la cornue, de corps secs, de l'yvoire, par exemple, du crâne humain, ou du sang desseché, &c, en mettant sur partie de sel ammoniac deux parties de cendres gravelées dans une cucurbite, & en versant d'abord sur cette masse saline une petite quantité d'huile empyreumatique spécifique convenable, & ensuite une suffisante quantité d'eau simple. Tout étant ainsi disposé on le fait distiller au bain de sable, à la maniere accoutumée. Ces esprits sortent d'abord purs, transparens & n'ont besoin d'aucune rectification, si la distillation est bien faite du premier coup.

Des Esprits inflammables.

Les *Esprits inflammables*, qu'on appelle aussi esprits ardens, sulfureux, vineux, sont liquides lorsqu'ils sont parfaitement purs, concentrés, limpides, aqueux-sulphureux, bien plus simples que telle huile fine que ce puisse être, plus mobils, plus volatils, & plus légers que ces huiles, miscibles avec l'eau, sans perdre de leur transparence & de leur limpidité, entiérement inflammables sans donner de fumée lorsqu'ils sont enflammés, & sans laisser aucuns vestiges de cendres lorsqu'ils sont brûlés ; les particules qui par leurs assemblages forment une plus ou une moins grande quantité d'esprit inflammable, sont composées d'eau, d'une substance sulphureuse ou phlogistique simple très-tendre, & d'un sel acide subtil, tous très-étroitement unis les uns avec les autres. On peut très-facilement faire voir les deux premiers principes, mais je ne pense pas qu'ils soit aussi facile de démontrer l'acide que l'on regarde ici comme le moyen d'union ; tout ce qu'on en a

dit ne pouvant fervir de preuve affez convainquante, & faifant plutôt
foupçonner un acide étranger que
l'on peut féparer du mixte, que l'a-
cide élémentaire qui entre dans la
compofition de ce mixte.

Tous les efprits inflammables font
uniquement des produits de la fermentation, & on ne découvre de parfait
efprit vineux, ardent, dans aucune
plante, ni dans aucun autre mixte,
qu'il n'ait fermenté ; c'eft pourquoi
on ne peut les diftinguer par rapport
à leur premiere origine, & tous les efprits inflammables fimples, une fois
que la fermentation eft complette,
cadrent fort bien par rapport à leur nature & à leur propriétés ; mais fi on
a égard aux moyens chymiques dont
on fe fert pour leur préparation, alors
on en peut diftinguer de trois genres,
les uns pouvant fe préparer par la fermentation fimple, d'autres par la confermentation, & d'autres enfin par
abftraction.

Les efprits du premier & du fecond
genre, une fois que la fermention &
la confermentation font bien accom-
plies, fe tirent des liqueurs vineufes,

en les faisant distiller à la maniere ordinaire dans un alambic ou dans une
cucurbite. Nous devons cependant
avertir qu'on ne doit d'abord faire
distiller qu'à un feu très-modéré ; qu'il
ne faut pas trop remplir les vaisseaux ,
de crainte que la liqueur qui péut ,.
après la fermentation , être plus ou
moins remplie d'un esprit fermentant
& caustique , ne se vitrifie tout d'un
coup , & qu'en conséquence , en s'é-
levant dans l'alambic ou dans la cu-
cucurbite , il ne vienne à passer en
partie dans le récipient , qu'on doit
ôter aussi-tôt que l'esprit est sorti , &
que le phlegme commence à couler.

Les Esprits du troisieme genre ,
tant simples que composés , se préparent avec moins d'appareil. En effet ,
l'esprit de vin , de bled , ou tout autre
esprit inflammable pur , produit par la
fermentation , se verse simplement
sur quelque simple aromatique , bal-
samique , &c , ou sur plusieurs de ces
simples que l'on met ensemble dans
l'alambic ; ou bien , & c'est la façon
la plus ordinaire , on les met dans une
cucurbite de verre , & on les fait distiller à un feu doux ; on peut cependant

tirer des efprits de cette efpéce, des huiles étherées & des eaux diftil-lées. Lorfqu'on fe propofe d'en ti-rer quelqu'huile étherée, on prend cette huile ou plufieurs enfemble, que l'on verfe fur du fel de tartre tout recemment préparé par la dé-tonation d'une égale quantité de nitre & de tartre; après y avoir verfé ainfi une fuffifante quantité d'efprit de vin, on fait diftiller dans une cucurbite, & on prolonge la diftillation auffi longtems qu'il eft néceffaire pour que l'efprit de vin en forte empreint des particules actives de l'huile, qui lui donnent une odeur fpécifique & des vertus particulieres, & que le refidu falin huileux, refineux, ait acquis une confiftance un peu épaiffe; mais fi, au lieu d'huile, on fe fert de quel-que eau diftillée, odorante & remplie de particules huileufes & fpiritueufes, on la mêle fimplement avec l'efprit de vin; puis on fait diftiller à un feu doux, jufqu'à ce que les ftries graffes difparoiffent dans l'alambic, & que, lorfque l'efprit en eft forti, l'eau inerte dépouillée de particules odorantes, s'exhale en vapeurs & rempliſſe l'alambic d'une eſpéce de roſée dont les traces ont plus d'étendue. Lorſqu'on veut donner à ces eſprits plus d'odeur & plus de vertu , il faut les remettre ainſi diſtiller avec de l'eau fraîche de la même eſpéce, & les faire diſtiller de nouveau de la même maniere que nous venons de l'indiquer , & ainſi de ſuite.

Des Eſprits acides dulcifiés , ou acides inflammables.

Les eſprits acides dulcifiés, ou acides inflammables, ſe préparent ſimplement avec les acides minéraux concentrés les plus forts du nitre & du ſel commun, & avec le meilleur eſprit de vin ; car les acides plus foibles, tirés des végétaux ou des animaux, ne ſont en aucune façon propres à cette dulcification. La dulcification ne conſiſte pas, comme pluſieurs l'ont cru autrefois mal - à - propos, dans le mêlange ſimple de l'eſprit acide

corrosif, ou de l'esprit inflammable , mais c'est proprement une
nouvelle syncrese ; puisqu'effectivement une substance inflammable
très-fixe , tirée du phlegme par l'action d'un acide fort, s'unit très-
étroitement aux particules acides ,
les enveloppe conséquemment plus
ou moins, & les émousse au point
qu'elles ne peuvent plus faire sentir
leur force corrosive.

C'est donc là la raison pour laquelle l'esprit de vitriol dulcifié ,
bien préparé , est plus doux que
l'esprit de nitre dulcifié , & celui-
ci plus que l'esprit dulcifié de sel
marin ; si bien qu'en goutant ces
esprits, on trouve le premier pres-
qu'entiérement sulphureux; le second un peu âcre, & d'un goût vineux agréable , ou aigrelet très-
gracieux ; & le dernier enfin, d'un
goût aigrelet plus rude , & qui en-
gourdit les dents. En effet, plus
l'acide est pésant & puissant, plus
il détruit promptement & avec force la composition des esprits inflammables, plus il en éleve de substance sulphureuse qu'il émousse &

tempere pour se l'unir. Il faut donc
pour dulcifier des acides minéraux
le mieux qu'il est possible, que l'a-
cide qu'on se propose de dulcifier
soit très concentré & bien fumant,
que l'esprit de vin soit bien déphleg-
mé, de crainte que l'eau qui s'y
trouveroit en trop grande quantité
n'affoiblisse d'abord l'acide en s'y
mêlant, & ne diminue l'action de
cet acide sur la partie inflammable de l'esprit même. Il est de plus
nécessaire de verser une quantité
d'esprit de vin sur l'acide ; puis de
faire distiller lentement au bain
de sable, & à un feu moderé dans
une cucurbite de verre, & de continuer la distillation jusqu'à ce
qu'on ait tiré l'esprit le plus subtil,
parfaitement dulcifié, & conséquemment d'une saveur gracieuse
& legerement âcre ; c'est pourquoi
plus la distillation tire sur sa fin,
plus on doit apporter d'attention,
& gouter souvent l'esprit qui distille, afin de pouvoir ôter à propos
le recipient, & d'empêcher que le
phlegme & l'esprit caustique & de
mauvaise odeur qui s'éleve en-

suite , ne se mêle avec l'esprit bien dulcifié qui a passé le premier. Quelques-uns laissent, quelque tems après avoir versé de l'esprit de vin sur l'acide à dulcifier , ce mêlange en digestion chaude ou froide , avant que de le distiller ; je ne crois cependant pas cette précaution nécessaire , parce qu'il se fait une digestion momentanée qui précéde la coction & la résolution vaporeuse de cette liqueur pendant la distillation même qui se fait en augmentant le feu insensiblement & par degrés , & que d'ailleurs l'acide ne commence à agir sur l'esprit inflammable que lorsque la chaleur devient plus forte.

Les esprits acides dulcifiés deviennent dans la suite du tems bien plus âcres , sur tout lorsqu'ils sont dans un endroit tiéde ou chaud & renfermés dans des vaisseaux qui ne sont pas exactement bouchés , ou qui ne sont pas entiérement pleins , parce qu'il s'y fait alors un frottement intestin continuel des parties , & que les débris de la substance temperante s'en exhalent

halent auffi peu à peu. On peut néanmoins les rétablir & les remettre en
bon état en les diftillant de nouveau,
après y avoir verfé une certaine quantité de nouvel efprit de vin. On doit
s'y prendre de la même façon, lorfqu'après la premiere diftillation ces
efprits fe trouvent trop âcres, ou par
rapport à ce qu'on a pouffé la diftillation trop vîte & à un feu trop fort,
ou pour n'avoir pas mis d'abord
une affez grande quantité d'efprit
de vin.

Des efprits urineux & inflammables, & des fels volatils - huileux - liquides.

Les *Efprits urineux & inflammables* fe préparent par le moyen de la
diftillation, & d'une maniere plus
prompte & plus abregée. Dans le premier cas, on verfe fur un mélange
fimple de fel ammoniac & de quelque fel alkali fixe (fi on ne fe-propofe
que de tirer de l'efprit urineux ordinaire de fel ammoniac) ou empreint
de quelques huiles empyreumatiques,
de corne de cerf, par exemple, d'y-

Tome VI.   D

voire, de crâne humain, &c, (si on
en veut tirer les esprits urineux-inflammables) ; on verse, dis-je, au
lieu d'eau simple une suffisante quantité d'esprit de vin médiocrement rectifié, ou du plus rectifié, délayé dans
un peu d'eau, & on fait ensuite distiller le tout au bain de sable, de la maniere que nous l'avons dit ci-devant.

Le second moyen de les préparer
consiste tout simplement à y mêler
quelques sels secs urineux, & à dissoudre ce mélange avec de l'esprit de vin
médiocrement rectifié, & par conséquent encore assez rempli de phlegme. Il vaut cependant mieux faire
distiller une fois ce mélange dissous,
dans une cucurbite, au bain de sable,
pour que l'esprit soit plus pur &
plus transparent ; je dis simplement
qu'il vaut mieux, car cela n'est pas
absolument nécessaire, parce que cet
esprit mêlé, laissé en repos pendant
quelques jours, dépose peu à peu de
lui-même quelques parties, qui font
qu'il devient plus clair, si bien qu'on
peut commodément s'en servir, quoiqu'il ne soit pas aussi pur que lorsqu'il
est distillé.

Les sels volatils huileux liquides
different peu, ou point du tout, de
ceux dont nous venons de parler, par
rapport à la maniere dont on les prépare. En effet, les vraies huiles éthérées & d'une odeur agréable, se
dissoudent simplement, moyennant
une courte digestion chaude ou froide, dans l'esprit vineux de sel ammoniac, en plus ou moins grande quantité, suivant qu'il plaît au Chymiste;
ou on prend un mélange de sel ammoniac & de cendres gravelées, sur
lequel on verse de l'esprit de vin médiocrement rectifié, puis on le fait
distiller dans une cucurbite, au moyen
de quoi l'esprit de vin se trouve im-
bu de leurs particules spiritueuses,
contracte une odeur spécifique, & ac-
quiert des vertus particulieres. On
peut, au lieu d'huile, ajouter à la
masse saline, dont nous venons de parler, des simples aromatiques & balsamiques, un peu coupés & écrasés, puisque c'est la même chose que le menstrue spiritueux-inflammable tire des
parties spécifiques odorantes des huiles distillées éthérées, ou des simples
entiers, qui renferment ces huiles.

D ij

Du reste, nous ne devons pas taire qu'il y a une différence remarquable entre les sels volatils huileux préparés par le moyen de la distillation, & les sels que l'on prépare sur le champ par la solution des huiles. En effet, les premiers sont ordinairement limpides, & renferment la partie spiritueuse des huiles la plus fine, & les derniers des huiles dissoutes, tant la partie spiritueuse la plus fine, que la résineuse la plus grossiere ; c'est pourquoi ils sont tantôt d'une couleur, tantôt d'une autre, & d'un caractere plus ou moins chaud, suivant la diversité des huiles dont on s'est servi.

Des Huiles éthérées.

Les *Huiles* sont en général ou essentielles ou empyreumatiques, & fétides qui sont le produit de la putréfaction ; on divise encore les huiles essentielles-naturelles, en onctueuses que l'on sépare par expression ou en faisant bouillir le mixte dont on les sépare, avec de l'eau simple, & en éthérées, qui ne se tirent que par la distillation humide. Les huiles éthé-

rées , qui font ici notre principal ob-
jet , font des fluides onĉteux , épais ,
inflammables , quelquefois tout volatils , & d'autrefois volatils pour la
plus grande partie. Elles ne peuvent
jamais fe mêler avec l'eau ; elles font
fort aĉtives , d'une odeur très-pénétrante , d'une faveur âcre , aromatique , plus ou moins brûlante , de différentes couleurs , ou jaunâtres , ou
dorés , ou rougeâtres , ou brunâtres ,
vertes, bleues , blanchâtres , &c. Toutes les huiles éthérées que l'on tire
par la diftillation humide avec l'eau ,
font volatiles ; mais lorfqu'on les fait
évaporer ou diftiller avec quelqu'efprit inflammable , elles n'exhalent que
leur partie fpiritueufe , & leur fubftance réfineufe la plus groffiere refte
& s'épaiffit. Ces huiles ne fe diffoudent jamais entiérement dans l'eau ;
néanmoins il s'en fépare plufieurs parties fpiritueufes au moyen d'une douce digeftion , ou au moins d'une agitation momentanée,& communiquent
à l'eau leur odeur & leur faveur fpécifique ; c'eft-là ce qui fait connoître
que fi ces huiles ne peuvent parfaite-
tement fe mêler avec l'eau fans y rien

ajouter, au moins leur partie fpiritueufe s'y unit-elle comme nous venons de le dire.

La couleur, l'odeur, la faveur, ne
font pas les feules qualités qui diffé-
rencient les huiles éthérées ; mais elles font encore différentes par leur
fluidité & par leur pefanteur fpécifique. En effet, les unes, comme l'huile
de rofe, de femence d'anis, de fe-
nouil, &c, fe coagulent fur le champ
au froid, & reffemblent, par leur couleur blanche & leur confiftence, à la
graiffe des animaux ; d'autres, au
contraire, & c'eft la plus grande partie, confervent leur fluidité ; d'autres
enfin qui font fpécifiquement plus pefantes, comme l'huile de géroffle, de
canelle, de bois de faffafras, &c,
tombent au fond de l'eau ; enfin le
plus grand nombre s'enfonce peu
dans l'eau, ou furnage entiérement ;
c'eft-là pourquoi on les regarde comme fpécifiquement plus légeres.

Toutes les huiles éthérées font com-
pofées de deux parties effentielles,
fçavoir, d'une fort fubtile, mobile-
volatile - fpiritueufe, & d'une plus
groffiere, fixe-réfineufe; c'eft cette der-

niere qui sert de moule ou de matrice,
& la premiere en fait comme l'ame,
donne de l'activité, de la fluidité, de
la solubilité, de l'odeur, & toutes les
autres propriétés spécifiques à toute la
masse huileuse.

Une terre tendre, de l'eau, un acide & une substance subtile-inflamma-
ble, entrent dans la composition intime
de ces huiles. Ces élémens sont néanmoins si unis les uns avec les autres
qu'il est très-difficile de pouvoir les
séparer exactement ; il ne laisse pas
cependant que d'y avoir plusieurs
moyens de pratique qui prouvent
assez l'existence des principes consti-
tutifs de ces huiles. On ne tire presque des huiles éthérées, par le moyen
de la distillation humide, que des
plantes & de leurs parties, sçavoir des
racines, de l'herbe, des feuilles, des
fleurs, des bois, des écorces, des semences, des fruits, des racines, &
des baumes liquides qui s'écoulent
des simples. En effet, ce n'est que par
un feu violent qu'on peut faire sortir
l'huile du succin, de l'ambre & des
autres concrets minéraux bitumineux.
On est par conséquent en ce cas obli-

gé d'avoir recours à la diftillation feche, qui rend les huiles empyreumatiques; & d'ailleurs les autres corps
balfamiques, très-odorans, qui fortent
des animaux, comme le caftor, la
civette, &c, ne rendent point d'huile,
à moins qu'on en faffe diftiller une
très-grande quantité à la fois.

Tous les végétaux qui ont une odeur
balfamique & aromatique, rendent
par la diftillation humide une huile
éthérée, pourvu qu'on les cueille dans
un temps convenable, & qu'on en
prenne une fuffifante quantité; cependant la force de l'odeur & le degré
de pénétrabilité ne peut rien faire
conclure de général fur la quantité
d'huile que renferme chaque fimple,
puifque l'on fçait par expérience que
plufieurs fimples, d'une odeur très-pénétrante, ne fourniffent qu'une très-
petite quantité d'huile, tandis que
d'autres qui n'ont qu'une odeur foible,
en rendent beaucoup plus. L'huile effentielle éthérée qui fe fépare peu à
peu du fuc qui circule dans les plantes, s'amaffe dans certaines celulles ou
des veficules membraneules, qui ont
quelque rapport aux cellules adipeu-

ses des animaux. Cette huile dans certaines plantes se loge indifféremment
dans toutes leurs parties. Dans d'autres, & le nombre en est assez grand,
elle se dépose simplement ou dans la
racine ou dans les feuilles, dans le
bois, l'écorce, les fleurs, les
semences, les fruits, &c ; c'est
pourquoi le Chymiste doit sçavoir
quel est la partie de la plante où cette
huile se trouve principalement ren-
fermée, & dans quel temps il convient
de cueillir ces plantes pour les en trouver plus remplies. On fait ordinairement macérer dans l'eau simple, ou
dans une eau particuliere que l'on a
tirée par la distillation d'un simple
semblable à celui qu'on se propose de
distiller, les simples, tantôt entiers,
tantôt rapés, quelquefois grossiére-
ment concassés, avant que de les distiller, afin de les amollir & que l'huile qui s'écoule de leurs vesicules mem-
braneuses rompues, puisse d'autant
plus facilement pénétrer par les inter-
stices dans l'eau ; du reste, on a la précaution de mettre deux ou trois poi-
gnées de sel commun, ou une once de
tartre pulvérisé, ou deux gros d'hui-

D v

le de vitriol, ou d'esprit de sel, sur
chaque livre de simple que l'on fait
macérer, de crainte que pendant la
macération, qui est d'un jour & d'une
nuit pour les simples tendres, rares,
lâches & mols ; de deux ou trois jours
& autant de nuits, pour ceux qui sont
d'une tissure plus dure & plus compacte ; de cinq à six jours pour les bois
& les autres concrets fort secs & durs;
de crainte, dis-je, que pendant cette
macération qui se fait dans un lieu
tiede ou simplement tempéré, il ne
s'engendre quelque pourriture. Il n'y
a rien de déterminé sur la quantité
d'eau que l'on doit employer pour
chaque simple ; du reste il paroît plus
sûr d'en mettre plus que moins, parce
que l'huile s'éleve ordinairement dès
le commencement de la distillation, &
une fois que cette huile est sortie, on
peut retirer le feu, arrêter la distillation, & laisser l'eau qui reste, d'autant qu'elle est entiérement dépouillée
d'huile. Après avoir suffisamment fait
macérer les simples, on les fait distiller ou dans une grande cucurbite de
verre, que l'on met au bain de sable, ou
encore mieux dans un alambic de cui-

vre bien étamé, garni de son réfrigérant, & placé, de même que pour les
eaux distillées, sur un feu que l'on pous-
se au même degré & que l'on conduit
de la même façon. Nous devons cependant avertir une fois pour toutes
qu'on ne doit remplir l'alambic qu'aux
deux tiers, & ne pousser d'abord la
distillation qu'à un feu doux, de crainte que la masse qui est encore fort remplie d'air, ne se gonfle subitement,
& que les parties les plus légeres ne
se portent pendant l'ébullition avec
l'huile & l'eau dans le récipient. On
doit, outre cela, observer que les huiles spécifiquement plus pesantes, demandent un feu plus fort & une distillation plus longue que les huiles spécifiquement plus légeres. On sépare ensuite l'huile qui est sortie par la distillation, soit qu'elle nâge sur l'eau ou
qu'elle soit au fond, par le moyen
d'une méche de coton ou d'un siphon
de verre ; c'est-là la méthode la plus
générale de séparer presque toutes ces
huiles ; il n'en est que peu d'autres qui
demandent une méthode particuliere;
l'huile de rose, par exemple, qui nage çà & là sur l'eau sous la forme d'é-

caille, ou de petite croûte de couleur
grife, & qui conféquemment ne peut
fe féparer que par la méthode ordinaire, fe verfe, avec l'eau qui la porte, fur un papier gris, qui laiffe paffer
l'eau, & fur lequel on prend enfuite
avec une cuilliere ces petites croutes
qui y font verfées, pour les mettre
dans un vaiffeau de terre, & les réunir en une maffe en les faifant fondre doucement. Ceux qui veulent
tromper & gagner davantage, mêlent à
ces huiles éthérées les plus précieufes,
des ingrédiens de plus bas prix, comme de l'efprit de vin, ou des huiles
épaiffes-onctueufes tirées par expef-
fion, ou des huiles éthérées moins précieufes ; mais on peut facilement découvrir la plûpart de ces fraudes, tantôt en mêlant ces huiles avec de l'eau
tiede, tantôt en les faifant diffoudre
avec de l'efprit de fel ammoniac, de
l'efprit de nitre dulcifié, de la liqueur
anodine ; tantôt par leur feule odeur.

Des Huiles empyreumatiques.

Les Huiles empyreumatiques ne font
autre chofe que les effentielles éthérées, un peu plus ou moins alté-

rées , suivant qu'elles sont plus ou moins brûlées ; c'est aussi là ce qui les distingue des huiles essentielles , pures & fraiches, non seulement à cause de la couleur noire ou noirâtre qu'elles ont, mais encore mieux à cause de leur odeur disgracieuse , qui est ordinairement fort puante ; leur saveur âcre , brulante, un peu amere , nauséeuse ; leur consistence plus epaisse, quelquefois , que de la poix ; & par conséquent à cause de la nature & des propriétés qui les caractérisent.

Les huiles empyreumatiques sont du nombre des huiles puantes , mais toutes les huiles puantes ne sont pas empyreumatiques. En effet, les huiles puantes empyreumatiques ne se forment que par l'action d'un feu sec & violent, au lieu que les autres huiles puantes ne s'engendrent que par le mouvement de pourriture qui se fait simplement dans les animaux ou les végétaux, d'où on en tire.

Il est certain que les huiles empyreumatiques tirées de diverses simples, quoique du même regne, différent les unes des autres par leur subtilité, leur fluidité, leur pénétrabilité , & même

par leur faveur & leur odeur. En effet,
ne fait-on pas, par une expérience affez ordinaire, que le beurre roux jette
une odeur, & a fon gout particulier ;
que la graiffe de porc rouffie a le fien,
ainfi de fuite. Cette différence eft encore bien plus remarquable dans le
regne minéral & dans le végétal. Les
huiles empyreumatiques, qui auparavant étoient effentielles éthérées ou
onctueufes, confervent ordinairement leur premiere odeur & leur premier goût, fi bien qu'on peut, par le
moyen de ces huiles, fur tout par leur
odeur, connoître le fimple d'où on
les a tirées, à moins qu'elles n'aient
été par hazard trop brûlées. Il n'y a
qu'un petit nombre de corps minéraux, encore font-ils bitumineux,
comme le fuccin, l'ambre, &c, qui
jettent une huile empyreumatique
dans la diftillation feche, mais il y en
a un très-grand nombre, dans le regne
tant animal que végétal, d'où on tire
cette huile ; différentes parties des
animaux, fur tout les os, les ongles,
le fang defféché en rendent une très-
grande quantité ; c'eft-là pourquoi
on fe fert plus volontiers de ces fim-

ples lorſqu’on veut avoir de ces huiles.

Les huiles empyreumatiques ne
ſont pas avant la diſtillation ſous cette
forme & ſous cette nature dans les
ſimples d’où on les tire ; ce changement n’eſt que le produit de la violente action du feu ; c’eſt pourquoi les
parties graſſes & huileuſes ſont d’autant
plus métamorphoſées , qu’elles ſont
plus embarraſſées dans les autres élémens des corps , & qu’il faut employer
un feu plus violent pour détruire le
mixte dans la compoſition duquel elles entrent. On diſtille ces ſimples dans
des cornues de terre, ou de verre ,
garnies de lut , que l’on place immédiatement ſur le feu , que l’on augmente inſenſiblement peu à peu , juſqu’au degré qu’il convient pour en tirer entiérement l’huile. Lorſque la
diſtillation eſt faite , on ſépare de
l’huile les autres liquides , ou par le
moyen d’un papier gris que l’on
mouille auparavant avec de l’eau , ou
par le moyen d’un ſiphon , & on
conſerve l’huile pour l’uſage , ou on
la rectifie de la maniere que nous indi-
querons dans la ſuite , pour la puri-

fier de toutes les particules hétéroge-
nes dont elle est chargée. En effet on
trouve dans ces huiles, tirées des animaux, outre le phlegme, beaucoup de
sel urineux ; dans celles qui provien-
nent des minéraux, un peu d'acide ;
& enfin dans celles que l'on tire des
végétaux, de l'acide, & je ne sçais
quoi d'urineux.

DE LA SUBLIMATION.

La *Sublimation*, qui est fort analogue à la distillation, est une opération
dans laquelle la force du feu fait résoudre en vapeur ou en fumée, les
corps secs, d'une nature mercurielle,
sulphureuse, arsénicale & saline, &
dans laquelle ces vapeurs ou cette fumée, après s'être élevées dans l'alambic, & les autres chapiteaux que l'on
place dessus, ou s'être attachées au col
de la cornue, ou au moins à la parois
supérieure du vaisseau dans lequel se
fait la sublimation, se réunissent en
une masse plus ou moins compacte,
ou seche, & facile à réduire en poudre, ou plus rare, à demi-fluide & un
peu épaisse. On peut diviser les corps

qui font fufceptibles de cette opération, en corps qui peuvent fe fublimer
directement, & en d'autres qui ne fe
fubliment qu'indirectement. Les premiers, tels que font les corps mercuriaux, les fulphureux, les arfénicaux
& les falins, tant urineux que moyens
ammoniacaux, fe réfoudent par une
violente action du feu, & montent enfuite deux mêmes, fans aucun fecours,
pour fe raffembler. Les autres, du
nombre defquels font les corps métalliques & terreux, ne peuvent s'élever
même par le moyen du feu le plus violent, fans qu'on y ajoute quelques ingrédiens qui puiffent s'unir plus ou
moins étroitement avec leurs molécules, les détacher & les enlever avec
elles. On peut pour cet effet, outre les
fleurs de fel ammoniac, le fel ammoniac ordinaire, & les autres fujets qui
par eux-mêmes peuvent fe fublimer,
fe fervir de fels acides, lorfque leurs
particules font étroitement unies après
la diffolution, avec les molécules du
corps diffous, & qu'elles ne font pas
détachées par quelque précipitant
contraire, comme cela arrive ordinai-
ment. Du refte on doit obferver que

ces fels ne produifent pas un bien grand effet dans ce cas ci, & que les autres ingrédiens, furtout le fel ammoniac & fes fleurs, leur font bien préférables. On fait fublimer dans des cornues de verre ou de terre garnies de lut, ou dans des cucurbites nues ou couvertes d'un chapiteau aveugle ou à bec, ou dans des chapiteaux finguliers placés les uns fur les autres, & qu'on nomme vulgairement *Aludels*, ou dans un vaiffeau ordinaire que l'on garnit d'un couvercle de carton fait en pyramide ; ainfi on applique le feu tantôt immédiatement, tantôt médiatement par le moyen de quelqu'autre corps, fuivant la différence des vaiffeaux & des fimples que l'on a à traiter. C'eft par le moyen de cette opération que fe préparent tous les fublimés ftrictement dits, les fleurs & les fels volatils, tant fimples qu'huileux. On doit néanmoins mettre au nombre des corps qui peuvent fe fublimer certaines maffes un peu épaiffes, comme le beurre d'antimoine & le concret fingulier rougeâtre, qui fe forme du mercure fublimé, reffucité avec la limaille de fer, & qui fe fond

à l'air en une liqueur graſſe, jaunâtre,
de même que beaucoup d'autres de
cette eſpece.

Des Sublimés ſtriĉtement dits.

Les ſublimés ſtriĉtement dits, ſont des
concrets ſecs, compaĉts, plus ou moins
brillans, ſalins ou ſulphureux-mercu-
riaux.

Le mercure ſublimé-corroſif & le
mercure doux, ſont du nombre des
ſublimés ſalins-mercuriaux ; le cinnabre faĉtice ordinaire & le cinnabre
d'antimoine, ſont des ſulphureux-
mercuriaux ; quelques Auteurs ont
parlé de la ſublimation du cinnabre de
Lune & des autres métaux, mais tout
ce qu'ils en diſent eſt, en grande partie, fort oppoſé à la raiſon & à l'expérience, & ces concrets rougeâtres,
qui par leur air reſſemblent fort au
cinnabre, ne ſont autre choſe qu'un
mercure rouge précipité, ſublimé par
le moyen d'un feu plus violent. Après
avoir mêlé enſemble les ingrédiens
& relâché un peu les liens des élémens, on les fait ſublimer dans des
cornues de terre ou de verre garnies

de lut, ou dans des cucurbites un peu bouchées avec du papier tortillé ou une maſſe limoneuſe, ou nues ou garnies de lut ; on met les cornues & les cucurbites garnies de lut, immédiatement ſur le feu, & l'on place bien avant dans le bain de ſable celles qui ne le ſont point ; & même on place par fois, dans de grands réſervoirs remplis de ſable, de petites cucurbites autour deſquelles on met des charbons allumées, qu'on pouſſe par ce moyen à un plus grand degré de feu. En effet, on doit obſerver ici que ces concrets, ſur tout les cinnabarins, demandent un degré de feu fort violent pour leur ſublimation.

Des Fleurs & des Sels ſecs-volatils.

Les *Fleurs* qui ſe préparent par le moyen de la ſublimation, ſe diſtinguent en général en vraies & en fauſſes ; celles qui reſſemblent, par leur couleur & leur air, à la matiere poudreuſe & adhérente aux antheres des fleurs, ſont des poudres très-ſeches & très-tendres, blanches, jaunâtres, jaunes, rougeâtres, rouges, &c, d'une nature ou purement sulphureuse ou arsénicale ou demi-métallique. Ces fleurs se subliment & s'attachent en en forme de petites fleurs de neige ou de croute saline, ou terreuse-saline plus rare, aux chapiteaux qu'on a placés sur les vaisseaux ou sur les parois du vaisseau dans lequel se fait la sublimation, & sont d'une nature ou purement saline, ou huileuse-saline, ou terreuse - demi - métallique, ou métallique-saline.

Les vraies fleurs les plus connues se tirent ordinairement du bismuth, du zinc, de l'arsénic, du soufre & des autres corps minéraux semblables. Les fausses se subliment & se séparent du sel ammoniac, du benjoin, de la tête morte de vitriol, des métaux & des corps des trois regnes de la Nature, ou sans ingrédiens ou avec quelques ingrédiens, & ceux dont on se sert plus ordinairement sont les fleurs simples de sels ammoniac ordinaire lui-même, parce que les métaux, même les plus fixes, se subliment par leur moyen. Nous devons cependant bien observer qu'il faut dissoudre les corps métalliques dans des menstrues conve-

nables avant que de les mêler avec les
fleurs de sel ammoniac, afin de pouvoir les réduire en chaux plus tendre,
après avoir fait évaporer le menstrue
dans lequel on les a dissous; les autres aggrégats, tels que le sable, le
verre pillé, &c, se mêlent simplement
avec les corps que l'on veut sublimer,
comme le soufre minéral, l'arsénic,
le benjoin, &c, pour empêcher que
les parties ne se touchent, comme
parlent les Chymistes, & faciliter par
ce moyen la séparation des molécules volatiles. La sublimation se fait ou
dans une cornue, ou plus fréquem-
ment dans des chapiteaux qu'on nomme vulgairement *Aludels*, placés les
uns sur les autres, ou dans une cucurbite basse, couverte d'un chapiteau
aveugle ou à bec, quelquefois dans un
vaisseau ordinaire que l'on couvre d'un
couvercle de carton pyramidal que
l'on expose à un feu tantôt plus fort,
tant plus doux, suivant la différente
condition de la matiere à sublimer &
celle du vaisseau dans lequel se fait la
sublimation; on ne sçauroit trop avoir
de circonspection par rapport au feu,
& on ne doit en employer qu'un très-

modéré lorfqu'il s'agit de tirer les fleurs de benjoin, dans un vaiffeau ordinaire, immédiatement placé fur des charbons ardens, pour les faire s'attacher au couvercle de carton, de crainte qu'en faifant fublimer les fleurs blanches, il ne monte en même tems une huile épaiffe qui les jauniffe.

Les *Sels volatils* font, par rapport à leur caractere, ou purement urineux-huileux-balfamiques, ou huileux-aigrelets. La plûpart des fels purement urineux fe tirent enfemble, en diftillant des efprits d'une même nature, fortis de différens corps tant animaux que végétaux; on les réunit féparément pour les purifier; on peut enfuite, comme nous le dirons bientôt, les faire fublimer commodément comme les fleurs fimples de fel ammoniac, en mêlant des cendres gravelées & du fel ammoniac dans une cucurbite que l'on met fur le fable. Lorfqu'on ajoute à ce mélange une petite quantité de quelqu'huile empyreumatique fpécifique, & que l'on humecte un peu cette maffe avec de l'eau fimple ou de l'efprit de vin encore affez rempli de phlegme, pour exciter

l'action réciproque des sels les uns
sur les autres, on se sert aussi de cette
derniere méthode pour préparer les
sels volatils urineux-huileux, & on
ajoute à ce mélange des parties salines qui fournissent un sel pur urineux,
une ou plusieurs huiles éthérées bien
odorantes,ou une suffisante quantité de
simples aromatiques & balsamiques
écrasés ou coupés. Quant aux sels
huileux aigrelets que l'on tire du succin, des litharges & d'autres corps
semblables minéraux, on les fait sublimer tantôt dans des cornues de terre
lutées, comme nous l'avons dit ci-
devant, il s'attachent en partie au col
de la cornue, en partie au col du récipient ; je n'ai rien à ajouter sur les
masses onctueuses demi-liquides dont
le beurre d'antimoine fait nombre ; ce
que nous avons dit ci-devant suffit
pour faire entendre la maniere dont
on procéde pour les préparer.

DE LA RECTIFICATION EN GÉNÉRAL.

La *Rectification* revient en grande
partie à la distillation réitérée & à la
sublimation ; la *concentration* par le
froid

froid, est la seule qui paroisse en être
une espece singuliere & distincte.

On rectifie ordinairement les eaux
distillées, les liqueurs & les esprits
salins, tant acides qu'urineux, les esprits inflammables, les esprits acides
dulcifiés, les huiles, surtout les empyreumatiques, les sublimés strictement
dits, de même que les sels volatils secs,
simples & huileux.

La fin qu'on se propose differe plus
ou moins, suivant la variété des sujets
dont nous venons de parler. En effet
on fait distiller & sublimer à différentes reprises, les uns pour les rendre
plus purs, d'autres pour leur donner
plus de fluidité ou de mobilité, de
volatilité & plus de vertu, & d'autres
enfin pour que leurs principes consti-
tutifs s'unissent plus étroitement. Soit
que cette opération revienne à la sublimation réitérée, ou à la distillation; elle se fait tantôt en y ajoutant,
ou sans y rien ajouter. Ce qu'on ajoute
sert en général à ôter & à se charger
des impuretés qui se trouvent dans les
corps que l'on rectifie, où ils en aug-
mentent les principes actifs & les forces. La concentration par le froid est

Tome VI. E

d'ufage pour les vinaigres, les lixivieux falés, les liqueurs vineufes, l'urine & autres femblables :
voici comme elle fe pratique. Lorfqu'il fait bien froid, on expofe à l'air
pendant la nuit des vaiffeaux, de métail furtout qui font les plus convenables, remplis en grande partie des
liqueurs que l'on veut concentrer pour
que la partie aqueufe de ces liqueurs
fe gele à la furface, ou même dans
toute la circonférence du vaiffeau,
tandis que la portion la plus effentielle
de ces liqueurs fluide encore, en
occupe le centre ; on perce le jour fuivant la glace avec un fer rouge, ou
avec quelqu'autre inftrument pour tirer la liqueur concentrée, la remettre
dans un autre vafe & l'expofer de nouveau au froid, & affez fouvent jufqu'à ce qu'elle foit bien concentrée.

La plûpart des Chymiftes joignent
à la concentration dont nous venons
de parler, celle que l'on fait des efprits acides par le moyen des fels
fixes alkalis & des métaux & demi-
métaux ; à peine cependant ces manieres de concentrer méritent-elles
que l'on y faffe attention, la plûpart

des esprits acides que l'on tire des sujets bien secs sortant d'abord très concentrés dès la premiere distillation ;
ces esprits d'ailleurs pouvant être concentrés & acquérir de plus grandes
forces, par le moyen de la rectification ordinaire.

De la Rectification des Eaux & des Esprits.

Les *Eaux distillées* n'ont besoin
d'être rectifiées que parce qu'elles
font troubles ou trop foibles. On donne de la force aux eaux foibles, plus
d'odeur & de goût, en les faisant re-
distiller plusieurs fois sur de nouveaux
simples de la même espece ; on distille
de nouveau les eaux troubles dans
un alambic ou dans une cucurbite,
afin qu'elles déposent leurs impuretés, & qu'elles deviennent transparentes. Les esprits acides de même que
les clyss aqueux & les vinaigres font
dépouillés par la rectification, ou de
la trop grande quantité de phlegmes
dont elles font chargées, ou de leur
partie fétide, huileuse, empyreumatique ; dans le premier cas la distil-

lation fe fait, fans y rien ajouter, dans
une cornue de verre que l'on enfonce
bien dans le fable, de maniere qu'il
n'en forte d'abord que du phlegme
en mettant peu de feu deffous ; puis en
l'augmentant, il s'en détache une liqueur acide & concentrée, qui paffe
dans le récipient que l'on adapte à la
cornue ; une fois que le phlegme en
eft forti, on ajoute dans ce dernier
cas l'alun brûlé pour retenir les impuretés huileufes. Lorfque les liqueurs
acides font fort chargées d'eau, &
qu'outre cela elles font plus mobiles
& fpécifiquement plus légeres, comme le vinaigre, l'efprit de fucre, de
miel, de tartre, &c, les phlegme en fort
mieux & plus promptement en les diftillant dans la cucurbite ; une fois qu'il
en eft forti, le refte de la liqueur acide plus concentré & plus péfant, fe
verfe dans une cornue fous laquelle on
fait le feu qu'il eft néceffaire pour élever la liqueur & la faire paffer dans le
récipient. Du refte, on doit exactement obferver qu'on ne doit point re-
jetter la liqueur qui diftille d'abord,
lorfque l'on fait déphlegmer le vinaigre, l'efprit de fucre, de tartre & de

miel, &c, dans une cucurbite, comme un phlegme inutile, mais qu'on doit plûtôt le conserver soigneusement, parce qu'il renferme la partie acide la plus mobile & la plus précieuse, & qu'il a conséquemment de bien meilleures vertus médicinales.

La rectification des esprits alkalis ou urineux, se fait ordinairement dans une cucurbite de verre, en y ajoutant quelqu'ingrédient & plus rarement sans cela. Les ingrédiens que l'on trouve à propos d'y ajouter sont les cendres gravelées, les cendres ordinaires criblées, la chaux vive, la corne de cerf brûlée, pulvérisée & autres semblables, toutes les fois que ces esprits sont remplis de plusieurs parties huileuses empyreumatiques, qui en alterent l'odeur, la saveur & la transparence. En effet, les corps que l'on doit ajouter, surtout les sels alkalis fixes, non seulement conservent une partie de leur phlegme, si on fait cesser à propos la distillation, mais aussi ils restent encore chargés de molécules huileuses, brûlées & fétides; ces esprits, en conduisant le feu comme il convient, passent conséquemment plus purs & plus concentrés. Lorsque ces esprits sont assez purs' & qu'ils sont simplement trop foibles, alors il s'agit de les déphlegmer; & on observe pour cet effet, sans y rien mêler, de les faire distiller de maniere qu'il ne s'en éleve que l'esprit actif, & que le phlegme reste.

Les esprits sulphureux ou inflammables sont ou simples ou composés; c'est pourquoi ils requierent différentes rectifications, tantôt la déphlegmation, tantôt la dépuration, tantôt la cohobation. La déphlegmation, dont on se sert principalement pour les esprits inflammables simples, se fait, ou en distillant de nouveau & lentement ces esprits dans une cucurbite, ou en les faisant concentrer par le moyen des sels alkalis fixes très-secs. La dépuration se fait de la même maniere, & on s'en sert pour les inflammables qui sont chargés de parties hétérogènes, acides, huileuses, un peu empyreumatiques, qui en gâtent l'odeur & la saveur.

Cette dépuration se fait, dit-on, bien mieux & plus promptement, lorsqu'on mêle l'esprit inflammable que l'on veut rectifier avec de l'eau de chaux , & que l'on tire la partie spiritueuse la plus concentrée par le moyen de la cucurbite. Quelques-uns pensent qu'en distillant à plusieurs reprises avec de l'eau de chaux vive fraiche le vin cuit ordinaire, ce vin peut se changer en vin cuit françois : je sçai cependant, par expérience, que cela est faux ; en effet, quoique l'esprit que l'on tire soit plus pur & plus gracieux, il n'a cependant jamais le goût spécifique de vin cuit françois. On se sert de la cohobation pour rectifier les esprits inflammables composés , & elles consiste uniquement à distiller ces esprits plusieurs fois sur de nouveaux simples.

La rectification des esprits acides & urineux-inflammables ne diffère que peu ou point du tout, des manieres de rectifier dont nous avons parlé jusqu'à présent. En effet on ne fait distiller qu'une fois ou deux , dans une cucurbite haute & à un feu doux , les esprits acides dulcifiés , afin qu'ils ne s'en sépare que la partie la plus subtile & la plus gracieuse , qu'il ne reste dans la cucurbite qu'un phlegme féti-

de encore rempli de particules cor-
rofives, & que l'on tire les efprits urineux-inflammables de même que les
fels volatils-huileux-liquides par le
moyen de la cucurbite, pour qu'ils
fe concentrent davantage en abandonnant leur phlegme ; on y ajoute
un mélange de fel ammoniac & de
cendres gravelées, & de nouveaux
fimples balfamiques, ou des huiles
éthérées, pour les tirer à la maniere accoutumée avec plus d'odeur
& de force.

De la Rectification des Huiles, des Sublimés, & des Sels fecs volatils.

Les huiles effentielles éthérées fraiches ou bien diftillées n'ont pas befoin d'être rectifiées. Il arrive cependant, lorfqu'elles font vieilles,
qu'on les a confervées fans trop de
précaution, & qu'elles font par conféquent devenues un peu trop épaiffes,
qu'on les fait paffer par la diftillation
humide, en y ajoutant néanmoins de
nouvelles efpeces pour leur redonner
des parties fpiritueufe & leur fluidité.
Quant aux huiles empyreumatiques,

on les rectifie ordinairement en les
faifant diftiller plufieurs fois , en partie pour les débarraffer de l'efprit qui
y eft inhérent après la premiere diftillation , en partie auffi pour qu'elles
deviennent tranfparentes & pures,
qu'elles acquierent du goût, & une
odeur un peu plus gracieufe , plus de
fubtilité & de pénétrabilité.

Cette diftillation fe fait ou dans une
cucurbite, en y ajoutant quelque chofe, ou dans une cornue de verre, fans
y rien ajouter. Les ingrédiens dont on
fe fert dans ce cas font la chaux vive,
la craye, la corne de cerf brûlée, le
fel de tartre, les cendres gravelées,
les cendres ordinaires criblées , &
d'autres corps terreux-falins-alkalis ,
propres à retenir les parties fuligineu-
fes. Lorfqu'on les prend en grande
quantité, on mêle un peu les huiles empyreumatiques par le moyen d'un petit bâton , & on fait diftiller le tout
bien difpofé, ou bien on verfe d'a-
bord fur le mélange une médiocre
quantité d'eau, pour que la dépuration s'en faffe plus promptement. On
diftille par la cornue, une , & plus
ordinairement plufieurs fois, plus pour

atténuer que pour purifier ; car les huiles empyreumatiques que l'on fait diftiller, cinq, dix & même douze fois, dans une cornue de verre propre, deviennent, comme cette huile animale de *Dippelius*, plus fubtiles, plus mobiles & plus pénétrantes, fi bien qu'elles paroiffent plutôt reffembler à des efprits qu'à des huiles, tant elles font pénétrantes & elles ont de force.

Quelques-uns penfent qu'on doit ajouter aux manieres de rectifier dont nous avons parlé jufqu'à préfent, la méthode de *Degner*, pour ôter l'odeur difgracieufe & le mauvais goût de l'huile de femence de lin & de celle de navette ; mais on ne doit pas, à ce que je penfe, la mettre au nombre des vraies rectifications, *Neumann* ayant prouvé depuis peu, par différentes expériences, que l'évenement ne répond point du tout à ce que promet cet Auteur, & qu'on ne doit attribuer la plus grande douceur qu'acquierent ces huiles qu'aux particules faturnines dont l'eau & l'huile font empreintes, pendant le peu de temps qu'elles digerent dans un vaiffeau de plomb.

Je crois qu'il feroit inutile de m'étendre ici fur la rectification des fels fecs volatils & des fublimés, c'eft-à-dire, du cinnabre & du mercure doux ; la rectification des ces fels cadrant en grande partie avec celle des efprits alcalis, & vu que nous avons dit ce qu'il eft néceffaire de fçavoir fur la rectification des fublimés, dans l'endroit où il eft parlé de cette Opération.

DE LA SOLUTION ET DE L'EXTRACTION EN GÉNÉRAL.

La *Solution* des corps en général eft ou *radicale* ou *fuperficielle*. Nous difons qu'elle eft radicale lorfque la compofition du corps diffout eft entiérement détruite, & qu'il eft par conféquent décompofé dans fes élémens, & en partie totalement diffimilaires. Nous difons au contraire qu'elle eft fuperficielle, lorfque les molécules qui compofent ce corps font fimplement féparées, & que ce corps eft conféquemment divifé en partie fimilaires & très-fines.

Nous avons différentes obferva-

tions à faire fur la folution, les corps à
diffoudre, les menftrues ou les diffol-
vans & les différens moyens dont on fe
fert pour les diffolutions; tous les corps
folides, les aggrégats, les mixtes, les
compofés & les décompofés, quelques liquides & demi-liquides, par
exemple les huiles, les baumes liqui-
des-naturels, &c, font des corps que
l'on diffout. On divife les menftrues,
en général, en aqueux, falins-acides,
falins-alcalis-fixes & volatils, imflam-
mables, fpiritueux & huileux, & en
mixtes, par exemple, en aqueux-im-
flammables, acides-inflammables, al-
kalis-inflammables, falés-inflamma-
bles & falés-aqueux. Quelques-uns
joignent à ces menftrues généraux un
menftrue univerfel; cependant on doit
le mettre, comme j'en ai averti ci-
devant, au nombre des êtres imagi-
naires.

Les menftrues aqueux, tels que
font l'eau fimple de fontaine & de ri-
viere, l'eau de pluie & la rofée, les
eaux purs diftillés & différens phlegmes, diffolvent les fels furtout; les
mucilages, les gelées & les concretions
gommeufes. Les menftrues falins-aci-

dés, par exemple, l'huile & l'esprit
de vitriol, l'esprit de sel, de nitre
de vinaigre, de sucre, de miel, le
vinaigre simple & distillé, &c, sont
propres à dissoudre les corps terreux,
pierreux, métalliques & demi-métalliques ; les salins alkalis, au contraire,
comme le sel de tartre, les cendres
gravelées, le nitre fixé, l'alcahest de
Glaubert, l'huile de tartre par défaillance, l'esprit aqueux de sel ammoniac, &c, peuvent dissoudre les corps
sulphureux, huileux, onctueux, gras,
&c ; & enfin les inflammables-spiri-
tueux, comme l'esprit de vin le mieux
rectifié, & les autres esprits de cette
nature, brisent les soufres minéraux,
néanmoins un peu contraints par les
alkalis salins, de même que les concrets bitumineux, camphrés & résineux, les huiles éthérées, &c, &
chargent leurs pores des molécules divisées de ces corps. Pour ce qui est
des mixtes & des menstrues composés, tels que le vin, l'esprit de vin
alkalisé, la liqueur aqueuse & vineuse
de la terre foliée de tartre, l'esprit
vineux de sel ammoniac, &c, il est
facile de connoître & de déterminer

la faculté qu'ils ont de diffoudre par celle de leurs fimples menftrues , & par la raifon finguliere de leur mixtion & de leur compofition.

Les moyens dont on fe fert avant la diffolution, ou pendant qu'elle fe fait, fe réduifent à la trituration, à la comminution, à la diffection, à la fufion, la digeftion, la coction, la diftillation, la cohobation, &c; ainfi il eft très-facile d'en faire voir la néceffité, & la maniere d'en faire ufage, dans la defcription fpéciale que l'on a donné des différentes folutions.

On doit rapporter l'*extraction* à la folution comme en étant une efpece la plus ufitée. En effet, on en fait ufage toutes les fois qu'il eft queftion de diffoudre telle ou telle fubftance active dans les corps compofés, & de la féparer des autres parties.

On prépare, par le moyen de la folution & de l'extraction, non feulement différentes teintures, les effences, les élixirs, les baumes liquides, les infufions, les extraits, les mucilages & les gelées ; mais fort fouvent on fait paffer ces corps par la diffolution pour les faire enfuite paffer par

des précipitations, des calcinations
& d'autres opérations.

Des Teintures, des Essences, des Elixirs, des Baumes liquides & des Infusions.

Il n'y a aucune différence essentiel-
le ou réelle générique, entre les teintures, les essences & les élixirs; tout
cela dépend de la fantaisie de celui
qui les invente, de donner à telle ou
telle liqueur teinte & active préparée
par le moyen de la solution ou au
moins de l'extraction, le nom de
teinture, d'essence ou d'élixir ; quelques uns cependant veulent qu'on
donne le nom de *Teinture* aux liqueurs
d'un rouge foncé, jaune, verd, &c;
celui d'*Essence* & d'*Elixir*, aux extraits parfaitement liquides & d'une
couleur plus obscure.

Il se rencontre dans le regne animal,
le minéral, & le végétal surtout, différens corps mixtes & composées qui
dissous en entier ou en partie dans des
menstrues convenables & adéquats,
fournissent des teintures & des essences actives, plus ou moins distinguées

les unes des autres par leur nature &
leur force. Les teintures & les effences d'un caractere minéral , doivent
leur activité ou aux particules bitumi-
neufes-balfamiques, ou aux alkalines-
fulphureufes-régulines, ou aux falines-
métalliques & demie métalliques ; les
teintures & les effences tirées des végétaux renferment dans leurs pores
des molécules, ou purement réfineufes,
ou purement gommeufes , ou réfineufes-gommeufes , ou gommeufes-réfi-
neufes, ou réfineufes-huileufes ; & enfin les liquides de cette efpece , que
l'on prépare des parties des animaux
empruntent leur activité de la fubftance gommeufe-réfineufe-huileufe.

Si on a égard à la liqueur qui diffout ou aux menftrues , les teintures
& les effences peuvent être aqueufes , ou falines-aqueufes ou aqueufes-
fpiritueufes , c'eft-à-dire , vineufes ,
ou fpiritueufes-inflammables , ou alkalines - fpiritueufes ; en effet , les
menftrues purement aqueux & alkalis , ou falés-aqueux , diffoudent les
fubftances gommeufes ; les vineux ,
tels que font les fpiritueux-inflamma-
bles qui renferment une trop grande

quantité de phlegme, les fubftances-gommeufes-réfineufes, les réfineufes-gommeufes, les gommeufes-réfineu-fes-huileufes, & les falines-fulphu-reufes ; & enfin les menftrues fpiri-tueux, concentrés, inflammables, de même que les alkalis-fpiritueux, diffolvent les fuftances réfineufes, bi-tumineufes & fulphureufes contrain-tes de différentes manieres, les ful-phureufes-régulines, les métalliques & les demi-métalliques.

Les fels qu'on ajoute par fois aux menftrues aqueux - vineux & fpiri-tueux-inflammables, font tantôt fa-lés, comme la terre foliée de tartre, le tartre folube, &c ; tantôt fixes-al-kalis, comme le fel de tartre, les cen-dres gravelées, le nitre fixé, &c ; ou aigrelets, comme la crême & les crif-taux de tartre. On affocie fouvent aux liqueurs diffolvantes, aqueufes & vi-neufes, des fuftances falées & aigre-lettes, afin que leurs particules venant à agir comme des efpeces de coins ai-dent la folution de la fubftance acti-ve, tandis que les fels fixes alkalis que l'on joint ordinairement aux menf-trues fpiritueux - inflammables font

employés pour rendre ces menftrues
plus concentrés & plus puiffans, en
abforbant le phlegme qui y eft inhérent, & concourent en même temps
un peu, en partie en coupant à la féparation plus prompte de la fubftance
à diffoudre, & en partie en raréfiant
à étendre la chaleur. Il y a effectivement différentes teintures, du nombre defquelles font, par exemple, la
teinture de tartre, celle des métaux,
& la teinture âcre, d'antimoine, qui
certes ne renferment aucuns principes
fulphureux, cohérans ou de toute autre nature, & elles doivent uniquement leur couleur rouge ou jaune
rougeâtre, aux parties de l'efprit de
vin raréfié par un alkali très âcre. Les
corps gommeux, réfineux-bitumeux
& réfineux-huileux, qui doivent fervir fimplement à faire des extraits, ou
qui doivent être entiérement diffous
dans toute leur maffe, n'ont befoin
d'aucune autre préparation finguliere, que d'une diffection groffiere,
d'être moulus ou broyés, & on peut
les mettre fur le champ avec leur
menftrues en digeftion dans des verres ordinaires, ou les faire bouillir

dans une cucurbite garnie de fon chapiteau & de fon récipient. Pour ce
qui eft des corps fulphureux, fulphu-
reux-régulins, métalliques & demi-
métalliques, ils ne peuvent fe diffoudre dans des liqueurs fpiritueufes-inflammables, à moins qu'ils n'ayent été
réduits auparavant, en les faifant fondre, avec des fels & d'autres aggrégats, ou de différentes autres manieres ; ils demandent, outre cela, une
digeftion ou une coction plus longue
& plus forte, & c'eft toujours dans
une cucurbite qu'il faut les faire bouillir, afin que l'efprit qui fe réfout peu
à peu en vapeur puiffe fe réunir dans
le récipient qu'on y applique, & qu'il
foit poffible de le reverfer fur la fubftance que l'on veut diffoudre & de
laquelle on veut extraire, autant de
fois que cela paroît néceffaire.

Les *Infufions* cadrent fi bien avec
les teintures & les effences, qu'on
pourroit très bien les appeller teintures ou effences plus délayées ; je ne
puis cependant paffer fous filence
qu'on tire du regne végétal des fimples dont on veut faire des extraits
par le moyen d'une digeftion chaude

ou froide momentanée, & qu'au lieu des menſtrues ordinaires, on ſe ſert d'eau ſimple ou diſtillée, de petit lait, de vin, plus rarement de vinaigre ou d'eſprit inflammable.

On met auſſi les baumes liquides, tels que ſont les baumes de vie, les baumes nervins, les céphaliques, les cardiaques, les carminatifs, &c, au nombre des préparations que nous avons décrites en général juſqu'à préſent, ces baumes n'étant autre choſe que des teintures & des eſſences ſpiritueuſes huileuſes qui ont beaucoup d'activité.

Outre les huiles éthérées, pures & de bonne odeur, on ſe ſert auſſi pour la compoſition de ces remedes de baumes naturels, par exemple, du Perou, de Tolu, &c, de même que du muſc & de l'ambre, à cauſe de leur odeur gracieuſe; on doit cependant ne mettre ceux-ci qu'en petite quantité, de crainte que leur trop d'odeur ne cauſe des dégoûts & d'autres incommodités; on doit même mêler ces huiles dans une proportion telle que la liqueur ait une odeur gracieuſe, tout-à-fait nouvelle & diſtincte, &

que l'odeur d'aucune huile ne domine.

L'efprit de vin fimple le plus dé-phlegmé, l'efprit de vin tartarifé, la liqueur anodine de vitriol, & les dif-férens efprits balfamiques que l'on tire par abftraction font l'office de diffol-vans ou de menftrues. La quantité re-lative du menftrue & des huiles dé-pendent de la fantaifie du Chymifte, & néanmoins on met ordinairement fur une partie d'huile, dix ou douze d'efprit diffolvant.

La préparation fe fait par une folution fimple que l'on facilite en faifant digérer chaudement pendant longtems dans un vaiffeau de verre bien bouché ; on y ajoute auffi du fel de tartre extemporané, où des cen-dres gravelées purifiées, où du fucre de Canarie, afin que cette folution fe faffe plus promptement, & que les huiles s'uniffent mieux avec leur menftrue. Une fois que cette diffo-lution eft faite, on décante avec pré-caution la liqueur teinte tranfparen-te, & on emploie la maffe onctueufe, falée, favoneufe, qui refte, à d'autres ufages ; fur tout à la diftillation du fel volatil huileux.

Des Extraits , des Mucilages & des Gelées.

Les *Extraits* , proprement dits ,
sont des masses épaissies, molettes, &
plus ou moins tenaces, d'une nature
où purement résineuse , ou purement
gommeuse , ou mixte , c'est-à-dire ,
résineuse-gommeuse , ou gommeuse-
résineuse , que l'on prépare tantôt
avec une seule substance , tantôt avec
plusieurs ensemble , c'est ce qui fait
diviser les extraits en simples & en
composés. On se sert de l'esprit de
vin le mieux rectifié pour dissoudre
& extraire les substances purement
résineuses de l'eau simple ; de différentes eaux distillées , pour celles qui
sont purement gommeuse ; & enfin
pour les mixtes , d'esprit de vin simplement un peu rectifié , ou de bien
rectifié qu'on affoiblit en y mêlant
de l'eau simple , ou même avec de
bon vin ; on se sert aussi quelquefois
pour la solution & l'extraction de
telle & telle substance gommeuse , ou
résineuse-gommeuse , de menstrues
aigrelets-aqueux, par exemple, du vi-

naigre simple, ou du vinaigre distillé, de l'esprit de vinaigre, du suc de citron, du phlegme de vitriol, pour tempérer en même tems le caractere, quelque fois un peu trop chaud, & réprimer un peu la trop grande force expulsive de certaines parties.

Lorsque la solution & l'extraction, qui se font ordinairement par la seule digestion des matières sur le sable chaud, & quelquefois aussi, quoique bien plus rarement, en les faisant bouillir dans une cucurbite; une fois, dis-je, que ces opérations sont faites, on filtre la liqueur à travers le papier brouillard, ou à travers un linge, si elle est d'une consistence plus grossiere & plus tenace; puis on la fait évaporer, tantôt dans un vaisseau ouvert comme dans un gobelet de verre, &c, tantôt dans une cucurbite, jusqu'à ce qu'elle ait une consistence convevable; on aime mieux ordinairement la faire évaporer dans une cucurbite garnie de son chapiteau & de son recipient, lorsqu'on a emploié une grande quantité d'esprit de vin pour la dissolution, ou que les corps dissous & extraits sont

remplis de particules volatiles-acti-
ves, qui peuvent fe communiquer au
menftrue que l'on doit retirer par
une lente diftillation, & le rendre par
conféquent propre à d'autres ufages:
on ne doit cependant jamais prolon-
ger l'évaporation dans la cucurbite
jufqu'à la fin ; & il faut reverfer la
liqueur dans un verre, auffi-tôt qu'elle a acquit la confiftence de miel,
& la faire entiérement épaiffir à la
douce chaleur du bain de fable, pour
empêcher qu'elle ne devienne empyreumatique.

Les *Sucs épaiffis*, les *Robs*, les
Souppes, les *Mucilages*, les *Gelées* &
les *Réfines* ftrictement dites, méritent d'être mis au nombre des extraits, par rapport au plus ou moins
de reffemblance qu'ils ont avec eux
par leur nature, leur reffemblance &
la manière dont on les prépare.

Les Sucs que l'on fait épaiffir, fe
tirent de fimples fucculens que l'on
purifie en les paffant, & auxquels on
fait prendre enfuite une confiftence
convenable, foit en les faifant bouillir où en les faifant évaporer lentement. Il eft affez ordinaire de faire
bouillir

bouillir ces simples avec de l'eau,
pourvû néanmoins qu'ils soient pulpeux & médiocrement aqueux, avant
que d'en exprimer le suc, afin qu'ils
soient suffisament amollis pour que ce
suc puisse passer à travers un tamis, ou
à travers un linge; du reste, toute
la différence qu'il y a entre ces préparations dépend simplement de la
consistence qu'on leur fait prendre;
c'est-là ce qui fait donner aux uns le
nom de *Souppes*, à d'autres celui de
Rob où de *Rohob*, & d'autres enfin
se nomment *Sucs épaissis*. On les
nomme sucs épaissis, lorsque l'on fait
épaissir & dessécher assez ces sucs
pour qu'ils paroissent un peu endur-
cis; on leur donne le nom de Rob
lorsqu'ils sont assez épais pour qu'on
puisse les tirer du vaisseau qui les renferme, avec le couteau ou la spatule;
& enfin on les appelle souppe, lorsqu'on ne fait bouillir le suc exprimé
que ce qu'il faut pour lui faire perdre
la moitié de son humidité, & qu'il a
la consistence d'un sirop délayé.

Nous n'avons rien de bien singulier à dire sur les mucilages & les
gelées, leur préparation ne differe

en rien de la manière ordinaire de
préparer les extraits, & se réduisent
tantôt à la simple digestion & à l'évaporation, tantôt à la coction & à l'é-
vaporation ; mais pour ce qui est des
résines, strictement dites, elles different un peu des extraits résineux ordinaires, tant par leur air que par la
manière dont on les prépare. En effet, ce sont alors des concrets qui ne
sont point onctueux, mais secs, un
peu durs, fragiles, & un peu transparens, qui ne se préparent point en les
faisant évaporer comme on fait ordinairement, après avoir exprimé ces
sucs, mais que l'on prépare plûtôt
par précipitation, comme nous l'al-
lons voir dans la suite.

DE LA PRÉCIPITATION EN GÉNÉRAL.

Les Cyhmistes distinguent la *précipitation* en *humide* & en *séche*, & c'est
une opération chymique, dans laquelle les corps rendus liquides, ou dissous, ou qui, à cause de leur légereté
& de leur mouvement rapide, nagent
simplement dans quelque liqueur,

font forcés de se précipiter ou de descendre d'eux-mêmes au fond du vaisseau qui les contient.

Toutes les fois qu'il s'agit de précipiter, on est obligé ou de diminuer la pesanteur du dissolvant, ou d'augmenter celle du corps dissous, ou de changer la tissure & la mixtion du dissolvant, ou celle du corps dissous, ou des deux en même tems; ou au moins est-il nécessaire de faciliter la séparation des parties les plus pesantes des plus légeres, en remuant le vaisseau pendant que les corps se fondent ; il y a même des préparations qui ne se font faites que par la diminution du mouvement intestin.

Les précipitans different beaucoup, par rapport au caractère différent des menstrues & de celui des corps dissous ; c'est-là pourquoi il faudra faire attention aux manieres générales dont se font ces précipitations. Nous les rapportons ici :

1°. Les corps résineux, gommeux-résineux-bitumeux, les huiles éthérées & les baumes liquides naturels, dissous dans un menstrue spiritueux-inflammable, concentré, comme dans l'esprit

de vin bien rectifié , se précipitent en
versant abondamment sur leur dissolution de l'eau simple froide ; car l'esprit inflammable qui doit être concentré pour ces sortes de dissolutions,
est si affoibli par ce moyen qu'il ne
peut plus tenir ces corps dissous.

2°. Les soufres minéraux & les
concrets régulins - sulphureux ; par
exemple , le soufre ordinaire , le soufre d'antimoine , l'antimoine crud &
différens réguls antimoniaux , dissous,
dans un lixivieux alkali âcre & concentré , que l'on prépare avec le sel
de tartre extemporané , ou le nitre
fixé , ou la chaux vive & les cendres
gravelées , &c , se précipitent aussi
en versant sur leur dissolution une
grande quantité d'eau froide , par la
raison que nous avons rapportée ci-
dessus.

3°. Les concrets demi-métalliques-
régulins , par exemple , le régul simple d'antimoine , dissou par un acide
puissant , se précipite de même en versant dessus une grande quantité d'eau
froide , & cela par la même raison que
nous venons de dire , & il donne en
même tems un exemple de précipita-

tion du mercure vif féparé du beurre
d'antimoine.

4°. Les parties terreufes qui nagent dans des décoctions aqueufes
bouillantes, par exemple, dans la décoction de caffé & qui la rendent trouble, fe précipitent auffi en verfant deffus de l'eau froide, non pas en grande quantité, mais feulement goutte à
goutte; en voici la raifon. La partie
fupérieure de la décoction fe refroidit
un peu par l'eau froide que l'on y
verfe, & conféquemment les particules terreufes qui auparavant étoient
fortement agitées par la chaleur, perdent de cette vîteffe qui étoit la caufe
principale de leur fufpenfion dans ces
décoctions; ces parties plus pefantes
defcendent donc, comme cela doit
arriver naturellement, & précipitent
les autres molécules qu'elles recon-
trent dans leur defcente.

5°. Les parties impures, vifqueu-
fes, terreftres & mucides tartareufes,
fe précipitent avec le vin & les infufions vineufes troublées par la folution
de l'étihocolle, ou le blanc d'œuf; en
effet, il s'affocie aux molécules vif-
queufes & glutineufes de ces corps

des parties impures mucides, & les terrestres y sont embarrassées ; c'est ce qui les rend plus pesantes & fait qu'elles tombent ensemble au fond, non pas à la vérité tout d'un coup, mais insensiblement, à mesure que les dissolutions se reposent.

6°. Les corps dissous dans des menstrues acides, comme l'eau forte, l'eau regale, le vinaigre, &c, se précipitent avec les sels alkalis, tels que sont l'huile de tartre par défaillance, la dissolution de cendres gravelées, la liqueur de nitre fixé, &c ; & au contraire les corps dissous dans des menstrues alkalis se précipitent par les liqueurs acides, & toutes les fois que l'on verse sur les menstrues acides un alkali, ou sur les dissolutions alkalines un acide, il se forme sur le champ de la précipitation qui s'en fait un sel moyen ; parce qu'alors les parties acides ou alkalines du dissolvant se chargent des molécules du corps dissous, & comme elles deviennent par ce moyen spécifiquement plus pesantes que le menstrue, elles doivent nécessairement tomber à fond.

7°. Les corps dissous dans un menstrue alkali-fixe se précipitent par la dissolution aqueuse du vitriol, surtout de celui de Mars, comme cela s'observe dans la précipitation du soufre-martial d'antimoine, & alors les parties acides du vitriol abandonnent les parties terreuses martiales, & s'attachent mutuellement aux salines-alkalines du lixivieux antimonial ; c'est-là pourquoi les molécules martiales, de même que les régulines sulphureuses-antimoniales tombent au fond, dépouillées qu'elles sont de leur premier dissolvant.

8°. Les corps diffous par un acide spécifiquement plus léger, se précipitent par un acide spécifiquement plus péfant, tels sont, par exemple, les concrets terreux-alkalis, qui, diffous dans le vinaigre, se précipitent par le moyen de l'huile de vitriol ; les corps diffous dans un certain acide, se précipitent par un acide d'une autre nature spécifique ; par exemple, l'argent diffous dans l'eau forte, se précipite par l'esprit de sel, parce que le menstrue est changé par ce moyen, & dans ce dernier cas, l'eau forte devient une eau regale, qui ne peut plus diffoudre l'argent.

F iv

9°. Les corps diffous dans un menftrue acide, fe précipitent par un certain fel moyen, dont le principe acide
eft fpécifiquement plus léger que l'a-
cide diffolvant; c'eft par cette raifon
que l'argent diffous dans l'eau forte fe
précipite avec le fel commun; car fi-
tôt que le fel commun vient à entrer,
l'acide du nitre qui eft fpécifiquèment
plus pefant, dérange quelques parties
de l'acide plus léger & diftinct du fel
commun, & en fe mêlant ainfi, il
change fur le champ l'eau forte en eau
regale.

10°. Les métaux plus compacts &
fpécifiquement plus pefans, diffous
dans un acide, fe précipitent avec les
métaux, les demi-métaux & les con-
centrés-terreux-alkalis plus poreux &
fpécifiquement plus légers; par exemple, l'argent diffous dans l'eau forte,
fe précipite avec la limaille de cuivre;
la diffolution de cuivre, avec celle de
fer; celle de fer, avec celle du zinc;
& celle-ci, avec les yeux d'écreviffe
pulvérifés. En effet, l'eau forte diffout plus facilement les concrets plus
rares de cette efpece, & dont les parties font plus lâchement cohérentes,

que les concrets plus compacts , &
fufpend auffi plus facilement les molécules fpécifiquement plus légeres, que
celles qui font plus pefantes ; c'eft-là
pourquoi elle abandonne les molécules du corps plus pefant qu'elle avoit
diffoutes , pour fe charger de celles du
corps qu'on y introduit , pourvu que
le caractere fpécifique de ce corps ne
s'oppofe point à fa diffolution.

Les précipitans changent plus ou
moins, par rapport à leur forme ou
leur tiffure, les particules précipitées ,
foit qu'on y mêle quelques parties ou
qu'il s'attache fortement à ces particules, d'où il arrive que fuivant les
précipitans qu'on employe , il peut,
de la même diffolution , réfulter différens précipités qui different non-feulement par leur caractere & par leur
force ; par exemple , le mercure vif
diffous dans l'eau forte & précipité
par le fel commun , paroît comme une
poudre blanche qui devient jaunâtre
lorfqu'on le précipite avec un fel alkali fixe, tel, par exemple, que l'huile
de tartre par défaillance & la diffolution des cendres gravelées ; cendré,
fi on le précipite avec un urineux

F v

pur, tel que l'esprit aqueux du sel
ammoniac. L'argent diffous dans
l'eau forte, & précipité avec le sel
commun, paroît comme une chaux
d'un gris blanchâtre, qui, au feu le
plus doux, se change facilement en
une masse transparente, ou se fond
pour former ce qu'on appelle la corne de lune; elle a outre cela une si
grande volatilité, qu'elle s'évapore entiérement à un feu un peu plus fort.
Mais si on précipite avec un alkali fixe, la chaux précipitée est fixe & se
fond très-difficilement. L'or diffous
dans l'eau régale, & précipité par un
alkali fixe ou volatil urineux, forme
l'or fulminant; si on le précipite avec
la diffolution d'étain, ou en y mêlant
des lames d'étain, il s'en forme une
chaux de couleur de pourpre, & ainsi
de suite.

Les précipités se diffoudent rarement une seconde fois dans le même
menstrue dans lequel ils ont été d'a-
bord diffous, parce que les menstrues,
de même que les précipitans, altérent
ordinairement beaucoup la forme &
la tiffure des molécules précipitées;
cependant tout ceci ne doit pas être

regardé comme univerſel & ſans ex-
ception, puiſque quelques-uns, comme les réſineux, les bitumeux, les huileux, &c, précipités ſeulement avec
de l'eau ſimple, peuvent ſe diſſoudre
avec l'eſprit de vin concentré.

On doit toujours obſerver une proportion convenable entre le précipitant, le menſtrue, & le corps à précipiter, ſurtout ſi le précipitant peut
diſſoudre le précipité, de crainte que
les molécules qui tombent au fond
n'y ſoient de nouveau diſſoutes. On
en a un exemple remarquable dans
la chaux de Vénus, puiſqu'en effet cette chaux précipitée de l'eau
forte par l'eſprit de ſel ammoniac,
ſe diſſout de nouveau, & que la
ſolution, de verte qu'elle étoit auparavant, devient ſur le champ bleue,
quand on y verſe une trop grande
quantité d'eſprit urineux.

Les liqueurs qui reſtent après la
précipitation, & quand on en a ſéparé
ce qui eſt précipité, ce qui ſe fait ordinairement par filtration, ne doivent pas toujours être regardées comme inutiles, & la plûpart ſont telles,
qu'on en peut tirer, en les faiſant éva-

porer & par le moyen de la cristallisation, différens sels moyens tant purs
que mêlés de particules sulphureuses,
sulphureuses-régulines, terreuses-mé-
talliques, métalliques, demi-métalliques, &c.

Outre les précipités strictement dits
qui se préparent par la précipitation,
on forme aussi par cette opération des
masses friables & des poudres en forme de chaux, des magisteres, des soufres, des résines, des crocus & des
reguls.

*Des Magisteres, des Précipités stricte-
ment dits, des masses poudreuses
calci-forme, des Soufres & des Résines.*

Les *Magisteres* chymiques, qui
donnent des poudres fines de différente couleur, se divisent par rapport à
leur usage en médicinaux & en méchaniques ; en minéraux, en végétaux, en animaux & en mixtes, par
rapport à leur nature ; enfin en métalliques, demi-métalliques, pierreux,
terreux, sulphureux, sulphureux-régulins, résineux, gommeux-résineux,

& en d'autres qui font mêlés & compofés.

Le magiftere de Saturne appartient,
par exemple, aux métalliques ; celui
de zinc & de bifmuth, aux demi-métalliques ; celui de pierre d'azur, aux
pierreux ; celui des yeux d'écreviffes,
aux terreux ; le magiftere de foufre
minéral, aux fulphureux ; celui de ben-
zoin, aux réfineux ; celui de coche-
nile, qu'on appelle vulgairement magiftere des Carmes, aux réfineux-
gommeux. Je penfe donc qu'il eft
très-conftant par tout ce que nous
venons de dire qu'il y a une différence
remarquable, non-feulement entre les
corps à diffoudre & à précipiter, mais
encore entre les menftrues & les précipitans. En effet, les corps métalliques, les demi-métalliques, les pierreux & les terreux, fe diffolvent ordinairement dans des liqueurs acides,
tantôt plus fortes, comme l'huile &
l'efprit de vitriol, l'eau forte, l'eau
regale ou l'efprit de fel ; tantôt plus
foibles, comme le vinaigre ordinaire
ou le diftillé, le fuc de citron, de li-
mon, l'efprit de vinaigre, &c, & fe
précipitent enfin avec les falins-alka-

lis, plus ordinairement cependant avec les fixes qu'avec les volatils urineux, ou quelquefois aussi avec le sel commun, ou avec un acide quelconque spécifiquement plus pesant & d'une autre nature. Les concrets sulphureux, & sulphureux-régulins se dissolvent dans les lixivieux alkalis concentrés moyennant une forte coction prolongée, & par le moyen des infusions acides ou même de la solution aqueuse-mixte de l'alun ou du vitriol, & encore avec l'eau simple; les corps résineux dissous dans l'esprit de vin rectifié, ou dans quelqu'autres esprits inflammables, se précipitent lorsqu'on verse dessus une assez grande quantité d'eau froide, comme nous l'avons vu ci-devant.

Une fois que la précipitation est faite, & que toutes les molécules du magistere sont coulées à fond, on décante du mieux qu'il est possible, & fort doucement, la liqueur transparente qui surnage; on verse sur le reste de l'eau simple, on le repete autant de fois qu'il est nécessaire, jusqu'à ce qu'il soit suffisamment édulcoré, en observant de l'agiter avant

que de le faire passer sur le filtre ; après
quoi on le fait bien dessécher. Nous
devons cependant avertir qu'il n'est
pas toujours nécessaire de laver ainsi
ces précipités, lorsque les corps résineux & les gommeux-résineux ont
été dissous dans un menstrue spiritueux-inflammable, & qu'ils ont été
simplement précipités avec de l'eau
froide ; il suffit dans ce cas de les faire
dessécher après en avoir décanté la liqueur transparente qui les surnage.

Les *précipités strictement dits* different plus par leur nom des magisteres que par leu nature & leur forme
extérieure ; lorsqu'ils sont blancs, &
qu'ils ressemblent à la chaux ordinaire, on les appelle *chaux*. En effet, on
emploie non-seulement pour ces sortes de préparations, le mercure vif,
mais aussi différens autres corps métalliques, demi-métalliques, terreux
& pierreux, pour la dissolution desquels on se sert des mêmes menstrues,
& que l'on précipite aussi avec les mêmes précipitans.

Les *Soufres*, dont on a fait jusqu'à
présent usage en médecine, se séparent
presque tous de l'antimoine crud, &

font en général ou purs & fort femblables au foufre minéral ordinaire, ou impurs & font ou purement régulins, ou demi-métalliques, comme le foufre doré d'antimoine, la panacée de *Glauber*, le chermès minéral, le foufre fixé d'antimoine de *Stabelius*, &c ; ou régulins métallins, comme le foufre martial d'antimóine, le folaire, &c. Les menftrues qui fervent à la diffolution, font quelquefois de puiffans efprits acides tels que l'eau forte, l'eau régale, ou les lixivieux-alkalis concentrés dont on prépare, les uns des feuls fels fixes, comme des cendres gravelées, de fel de tartre ordinaire & de l'extemporané, le nitre fixé, & l'alcaheft de *Glauber*; d'autres avec la chaux vive & un certain fel alkali.

Je ne crois pas qu'il foit néceffaire d'ajouter ici beaucoup de chofes fur les réfines ftrictement dites, parce que leur préparation demande peu d'art. En effet, les corps réfineux, ou très-garnis d'un principe réfineux, fe mettent fimplement pour cet effet en digeftion, avec de l'efprit de vin le mieux rectifié, ou avec de l'efprit de vin ordinaire, sur un bain de sable; lorsque cet esprit s'est teint de la résine, on le décante, on le filtre & on verse dessus de l'eau froide simple, après avoir tiré en partie le menstrue spiritueux de la cucurbite, afin que le mélange blanchisse & que les molécules résineuses qui se détachent du menstrue affoibli, tombent insensiblement au fond. Une fois que toutes les molécules sont précipitées, on les réunit en une masse en décantant la liqueur transparente qui les surnage; on la fait dessécher doucement & on la conserve. Ces résines ne différent point par leur caractere des extraits résineux ordinaires, mais simplement par leur port extérieur & leur consistence, en ce que ce ne sont plus des concrets mols & glutineux au toucher, mais plutôt des concrets un peu durs, secs, fragils, pulvérisables & d'ailleurs plus transparens.

Des Réguls & des Crocus.

Les *Reguls* sont des masses pesantes plus ou moins transparentes, métalliques ou demi-métalliques, tantôt simples, quelquefois composées, que l'on prépare avec des métaux, demi-métaux & leur mines, par le moyen de la fusion & de la précipitation.

On ajoute ordinairement aux matieres dont on se sert pour préparer les réguls, tant malléables que pulvérisables, lorsqu'elles sont en fusion, quelques sels, comme les sels alkalis fixes, par exemple, le sel de tartre ordinaire & l'extemporané, le nitre fixé, les cendres gravelées, le sel de tartre noirâtre ; ou moyens, par exemple, le sel commun, le nitre, le borax, &c ; ou mixtes & impurs, terreux - gommeux, résineux - huileux aigrelets, comme le tartre du vin ; quelquefois même, comme pour purifier l'or, on se sert de l'antimoine crud, & cela afin que ces différens ingrédiens puissent en faciliter la fonte, en détruire les parties hétérogènes qu'on en veut séparer & les changer en scories, que l'on peut facilement séparer, une fois que la précipitation en est faite, & que le vaisseau est refroidi.

La précipitation des réguls ne demande aucun précipitant étranger, &

il ne faut simplement que secouer un peu plus vivement le creuset ou le cône dans lequel on les fait fondre. Il faut cependant avoir soin que la masse soit parfaitement en fusion, & presque coulante comme l'eau, afin que les parties régulines plus pesantes puissent se séparer d'autant plus promptement & plus parfaitement des parties hétérogènes qui forment enfin les scoris, & tomber au fond du creuset. En effet, sans cette précaution plusieurs particules régulines restent embarrassées dans la masse un peu trop épaisse, & il se forme moins de régul au fond du creuset.

Les *Crocus*, qui sont des poudres jaunâtres, jaunes, rougeâtres, fauves, un peu fauves, fauves-noirâtres, se préparent plus ordinairement par la calcination seche & proprement telle que par la corrosion humide & la précipitation ; c'est pourquoi je ne m'arrêterai pas ici à un examen plus profond de ces Opérations.

DE LA CALCINATION
EN GÉNÉRAL.

La *Calcination* est en général une

Opération de Chymie, par le moyen
de laquelle on réduit différens corps
terreux, osseux, pierreux, métalliques, demi-métalliques & d'autres
secs, durs, ou d'une tissure un peu
plus compacte, en masse friable, ou
tout-à-fait poudreuse, fort semblable par leur forme extérieure ou au
moins fort analogue à la chaux ordinaire, si ce n'est par leur couleur blanchâtre au moins par leur friabilité,
leur sécheresse & leurs autres propriétés.

On distingue la calcination en parfaite & en imparfaite ; on dit que la
calcination est *parfaite* lorsque le
principe de cohésion, qui cole, pour
ainsi dire les molécules fixes terreuses, les unes avec les autres, & les
contient en une masse ferme & stable,
soit qu'il soit gélatineux ou onctueux,
huileux, comme dans les parties des
animaux; ou mucilagineux-gommeux,
résineux-terreux, huileux, ou simplement sec, comme dans les végétaux;
ou terreux-onctueux, sulphureux, ou
plus fin, tel que le phlogistique,
comme dans les minéraux ; jusqu'à ce
que, dis-je, ce principe soit entiére-

ment détruit & si bien chassé qu'il ne
reste plus que des molécules fixes purement ou en grande partie terreuses, & qui se réduisent facilement en
poudre. Elle est *imparfaite*, lorsque les
corps que l'on calcine sont simplement
rongés par certains menstrues, & que
les masses friables & poudreuses qui
en résultent, quoique quelquefois fort
ressemblantes à la chaux ordinaire par
leur couleur & leur forme extérieure,
& même souvent par leur blancheur,
retiennent cependant encore la partie
principale du principe martial de cohésion. Nous devons outre cela observer, par rapport à ces dernieres
chaux, que plusieurs particules relati-
ves du menstrue sont très-fortement
adhérentes aux molécules de la chaux,
& qu'elles ne concourent pas peu par
leur union à en augmenter le poids,
& à leur donner une nouvelle forme
& un nouveau caractere.

Les calcinations chymiques se font
de différentes façons ; néanmoins on
peut en général calciner, ou par le
moyen du feu ordinaire, ou de celui
du soleil, ou des menstrues humides
secs, tantôt plus denses, tantôt va-

poreux plus rares, propres & adéquats, pour diſſoudre le corps, ou au
moins un de ces principes conſtitutifs:
ou bien encore on employe le feu &
les menſtrues tout enſemble ; ſi on calcine ſimplement avec le feu , alors
cette opération s'appelle tantôt calcination ſtrictement dite , quelquefois
*uſtion, toſtion, incinération, décrépita-
tion*, & d'autres fois *réverbération* ; ſi
on employe les menſtrues ſeuls, c'eſt
là proprement la corroſion ; & enfin
toutes les fois qu'on employe le feu &
les menſtrües pour diſſoudre & pour
calciner , on nomme cette opération
ou *cémentation*, ou *détonation*, ou
calcination reſtinctoire.

La corroſion , par rapport aux
menſtrues , ſe diſtingue en *humide* &
en *ſeche*, & l'humide en *immerſive*,
vaporeuſe & *illitoire*. Nous diſons que
la corroſion humide eſt *immerſive*
lorſqu'on plonge entiérement le corps
que l'on veut calciner dans un menſtrue corroſif, afin qu'il ſe puiſſe inſenſiblement diſſoudre comme cela ſe fait
ordinairement. On dit qu'elle eſt *vaporeuſe* lorſque le corps que l'on veut
calciner eſt ſuſpendu de façon que les

vapeurs actives qui s'élevent conſtam-
ment du vaiſſeau les rendent friables
en les rongeant peu à peu ; enfin la
corroſion eſt *illitoire*, lorſqu'on ne
fait qu'enduire d'une liqueur corroſi-
ve le corps que l'on veut calciner &
dont conſéquemment une partie ſe
trouve rongée après une autre &
changée en une maſſe friable. Nous
ajouterons à la corroſion humide ar-
tificielle, une certaine corroſion na-
turelle qu'on appelle ordinairement
aërienne, quoiqu'on ne puiſſe proprement la mettre au nombre des calcinations Chymiques, puiſqu'elle ſe
fait lorſqu'on expoſe pendant quelque tems à l'air, du cuivre, du fer,
des pirrytes brûlées ou au moins
débarraſſées du ſoufre qu'elles ont
de trop, de la mine de fer, des pierres remplies de ſel vitriolique ou
urineux, & d'autres concrets ſemblables qui ſont diſſous par les particules aqueuſes & ſalines-acides de
l'atmoſphere, qui s'y porte & qui ſuc-
ceſſivement les pénétre plus profondé-
ment, de maniere que les uns ſe rouil-
lent, d'autres ſont réduits en poudres
ou en une maſſe qui ſe pulvériſe faci-

lement. La corrosion seche prend
tantôt le nom de fulmigation, quelquefois celui d'amalgame; la premiere
de ces opérations se pratique lorsqu'on suspend des lames métalliques
pour être rongées par la fumée acide
du soufre que l'on brûle au-dessous;
& la derniere lorsqu'on forme des
métaux froids ou brûlans, une masse
molle & qui se dissout facilement en
les mêlant avec du mercure vif. La
cémentation se pratique, lorsqu'on
met couche par couche les corps que
l'on veut calciner, réduis en lames
minces, en limaille, ou en poudre
grossiere; avec une poudre ou sulphureuse, ou saline-sulphureuse, &c,
dans un creuset, ou dans un vaisseau
particulier de cémentation; puis on
place au milieu des charbons ardens ces
vaisseaux garnis d'un couvercle plein,
ou percé de petits trous, afin que la
matiere que l'on a mise entre les différentes couches venant à être animée
par le feu, ronge le corps que l'on veut
calciner, & le rend friable : on doit
néanmoins observer qu'on a quelques
fois recours à la cémentation pour redonner aux chaux, à certaines cendres,

dres & aux corps femblables, le principe inflammable, au moyen des matieres qu'on y ajoute, & leur faire reprendre leur premiere forme, & même encore afin que certains métaux,
le fer, par exemple, prennent plus
de phlogiftique & acquierent une tiffure un peu différente & un peu plus
d'élafticité ; enfin il n'eft pas même
rare que les matieres qu'on ajoute en-
levent quelques parties étrangeres,
adhérentes aux chaux que l'on veut
réduire, & que conféquemment elles
en facilitent la réduction, comme
nous le verrons dans la fuite.

On pratique la *Détonation* toute
les fois que l'on met les corps que l'on
veut calciner, après les avoir broyés,
par exemple, l'antimoine avec le nitre
pulvérifé, ou avec une poudre nitreu-
fe-fulphureufe, ou le nitre même mêlé avec du charbon en poudre dans un
creufet rouge & brûlant, ou dans une
poële, ou dans un mortier de métal
pour les enflammer, afin que la partie inflammable, qui dans la plûpart
des concrets forme auffi le principe
matériel même de cohéfion, fe con-
fomme par une déflagration vive,

Tome VI. G

impétueufe & explofive , & qu'il ne
refte que les parties les plus fixes terreufes , terreufes-régulines-calcifor-
mes-falines-alcalines, qui fe font for-
mées en dernier lieu. Cette détonation
fe fait ordinairement dans un vaiffeau
ouvert, quelquefois néanmoins elle fe
pratique auffi dans une cornue tubulée
que l'on ferme d'un couvercle à toute
les fois que l'on y a jetté la matiere
que l'on y veut faire détonner. C'eft
pratiquer *l'Extinction* ou la calcination *reftinctoire* que de jetter dans l'eau
froide des pierres ou des métaux tout
rouges, afin que certaines molécules
qui font emportées par l'expulfion fubite & violente des particules chau-
des fe communiquent à l'eau, & que
le corps lui-même devienne plus friable, ou au moins plus fragile. La calcination confidérée dans toute fon
étendue, fert à un grand nombre de
préparations différentes ; c'eft par fon
moyen que fe préparent les chaux
proprement dites, les crocus, les
cendres, les fels fixes-lixivieux, les
terres alcalines-infipides , & même
encore certains concrets finguliers-
fulphureux, tels que le pirophore, &c.

Des Chaux proprement dites, des Crocus & des Cendres.

Les *Chaux* chymiques, comme on le sçait déja, sont des masses seches, poudreuses ou friables, & on en distingue de deux sortes. Les *Chaux proprement dites*, sont celles qui non-seulement ressemblent par leur port extérieur à la chaux ordinaire, mais encore qui en ont la blancheur ; les autres, que l'on ne regarde pas proprement comme des chaux, sont à la vérité plus ou moins analogues à la chaux ordinaire par leur sécheresse & leur friabilité, mais elles ne sont point blanches comme elles, & paroissent grisâtres ou jaunâtres, rougeâtres, fauves, un peu fauves, bleuâtres, verdâtres, &c. Les chaux proprement dites, sont, par rapport à leur caractere, ou purement terreuses, ou salines-terreuses, ou terreuses-demi-métalliques, ou terreuses-salines-métalliques ; on met au nombre des chaux purement terreuses toutes les terres blanches, insipides-alcalines, préparées par l'ustion violente des os, des dents, des cornes & des ongles des animaux, par exemple, le fpode, la corne de cerf calcinée à blanc, &c ; au nombre des falines - terreufes, la magnéfie blanche, la chaux d'huî-tre, &c ; au nombre des terreux demi - métalliques, l'antimoine dia-phorétique, la cérufe d'antimoine, le befoard minéral, &c ; & enfin au nombre des terreux-falins-métalli-ques, les vrayes chaux de Lune, le blanc de cérufe, &c.

On met au nombre des chaux pro-prement dites tous les crocus & les cendres. Les crocus font de diffé-rentes couleurs, jaunâtres, rou-geâtres, fauves, brunâtres, bru-nes noirâtres, &c ; & eu égard à leur nature, ils font ou métalliques, ou fulphureux-demi-métalliques ; il s'en rencontre même aux molécules def-quels de petits corps falins-acides fur-tout font étroitement unis. Les crocus fulphureux demi-métalliques fe pré-parent ordinairement avec l'antimoi-ne ; les métalliques & les falins-métal-liques, avec l'or, le cuivre & le fer par la voye humide ou feche, & par conféquent par le moyen de la fufion, de la détonation, de la cémentation, de la réverbération, ou de la corrofion humide ou feche, & de la précipitation qui fuit la premiere.

Les cendres qui font ordinairement grifes, fe préparent avec certains corps métalliques, ou demi-métalliques, l'étain, par exemple, le plomb, l'antimoine, &c; on en tire auffi des plantes, de différentes parties des animaux, & même de petits animaux entiers; & tout cela fe fait par le moyen d'une fufion prolongée, ou en faifant brûler peu à peu ces corps dans un creufet, ou fur une plaque large, ou bien les faifant brûler tout fimplement dans la cheminée. Cette calcination eft parfaite. En effet, elle dépouille les métaux de leur principe inflammable, l'antimoine de fa partie fulphureufe, les plantes de leur fubftance aglutinante, mucilagineufe refineufe-huileufe, & les animaux enfin leur fubftance graffe, & gelatineufe.

Des Sels alcalis fixes.

Les *Sels alcalis* qui conftituent le

troifieme genre primitif des fels, fe
diftinguent en fixes & en volatils. Les
fels alcalis fixes ou lixivieux, def-
quels il eft uniquement queftion ici,
font fort poreux ; c'eft-là pourquoi
ils fe diffolvent facilement dans l'eau
ou abforbent avec avidité l'humidité
de l'air, ou tel autre que ce puiffe être
lorfqu'ils font bien fecs. Ils paroiffent
néanmoins fort réfiftans au feu, quoiqu'ils s'y fondent parfaitement, &
qu'ils coulent comme l'eau, lorfqu'on
les pouffe à un degré de feu fuffifant.
Ils foutiennent en effet un feu violent fans qu'ils laiffent rien exaler, &
que leur compofition fe détruife. Enfin quelques précautions qu'on apporte en faifant évaporer la leffive, ils
ne forment jamais de criftaux, & ils
ne font que fe coaguler en une maffe
informe, une fois qu'ils font dépouillés
de leur humidité; fi on les mêle avec des
fels acides, ils entrent dans un mouvement violent d'effervéfcence, & forment enfin avec eux des fels moyens
parfaits lorfqu'on les mêle en proportion convenable. Il entre dans la compofition de tous les fels alkalis fixes,
une grande quantité de terre folube,

peu d'acide & peu auffi d'une certaine
fubftance inflammable, tantôt plus fine
qtelquefois plus épaiffe onctueufe. On
ne peut déterminer exactement la proportion relative de ces élémens , parce qu'ils font très-difficiles à féparer ;
quelques - uns néanmoins croyent
qu'il ne faut que dix parties d'acide
fur cent de terre folube.

Tous les fels alkalis fixes font des
produits d'un feu fec & violent qui réfout , mêle & unit les principes dont
nous venons de parler ; auffi les pré-
pare-t'on fimplement par le moyen de
la combuftion , ou de la calcination ,
ou de la détonation. Les fubftances
qui en fourniffent par le moyen de la
détonation ou de la combuftion font
de deux genres ; les unes, du nombre
defquelles font, par exemple, le tartre du vin , les plantes ameres & plufieurs végétaux , font garnies de tous
les principes propres, néceffaires pour
la formation des fels alkalis , auffi le
fait-on brûler ou calciner fans aucun
ingrédient ; les autres au contraire, comme le nitre , n'ont que deux
principes , & ne peuvent par conféquent produire par le moyen de la cal-

cination & de la détonation des fels
alkalis, fans qu'on leur allie quelqu'ingrédient qui fupplée à l'Elément qui
manqueroit pour cet effet.

Toutes les fois que les fels alkalis
fixes fe préparent avec le nitre & le
tartre, ou avec le nitre & la poudre
de charbon, par le moyen de la détonation, on n'a plus befoin d'avoir
recours à aucune opération, & on
tire par ce moyen des fels alkalis auffi
parfaits qu'il eft poffible de les avoir.
Si au contraire on fe fert de plantes
un peu defféchées & d'autres fimples
femblables que l'on réduit en cendres
en les faifant brûler, il faut dans ce cas,
pour tirer le fel alkali renfermé dans
ces cendres, les leffiver & filtrer la leffive, pour enfuite la faire peu à peu
évaporer jufqu'à ficcité, puis calciner légerement ce qui refte après l'é-
vaporation, avant que de l'enlever
du vafe. Quelques Chymiftes, pour
avoir des fels plus purs & plus blancs,
fe fervent, au lieu d'eau de fontaine
ou d'eau de pluie, d'efprit de vin ordinaire, ou un peu rectifié, pour les
tirer; ils brûlent même un peu de foufre minéral fur le fel épaiffi & calciné;

cependant l'efprit de vin augmente
dans ce cas fans aucun avantage &
fans aucune utilité, le frais de la préparation , & l'acide du foufre alu-
mé qui eft en partie alkali lui donne
conféquemment un caractere de fel
moyen, que l'on reconnoît affez, non-
feulement par la faveur , mais encore
par la forme en quelque façon criftal-
line des molécules de ce fel. Il arrive
quelque chofe de femblable lorfqu'on
laiffe les fels lixivieux épaiffis & calcinés pendant quelques mois dans
des bocaux ouverts placés près des
fourneaux alumés, parce qu'alors l'a-
cide qui nage dans l'air pénetre fuc-
ceffivement & s'attache aux molécules alkalines.

Les fels fixes de *Tachenius* font un
peu diftingués des fels lixivieux ordinaires , parce qu'ils font plus gras ,
moins âcres & un peu falés , vu que
l'on fait brûler & calciner les plantes
dans une poële garnie d'un couvercle
qui la ferme exactement , & que l'on
place ordinairement fur un fourneau
de terre ; par conféquent comme ces
fimples ne font point changés en cendres parfaites , mais fimplement en
G v

charbons plus rares, elles conservent plus d'acide & de substance inflammable. On peut, suivant *Boerhaave*, brûler très-facilement les simples à la maniere de *Tachenius*, dans une grande poële de fer, que l'on remplit parfaitement de la plante fraîche & desséchée, & qu'on ne couvre point d'un couvercle bien lutté, mais simplement d'une lame de fer qui pese un peu sur l'herbe.

DE LA FUSION.

La *Fusion*, par rapport à sa fin la plus générale, est ou simple, ou séparatoire, ou combinatoire. La *Fusion simple* donne aux corps durs & solides, propres à se sécher, une fluidité momentanée qui fait qu'on peut leur faire prendre des formes & les traiter de toute autre façon différente. La *séparatoire*, qu'on appelle aussi *dépuratoire*, sépare les corps hétérogènes les uns des autres; & enfin la *combinatoire* unit tantôt les corps homogènes, & tantôt les hétérogènes.

Les mines, les masses métalliques & demi-métalliques, certains corps

terreux, pierreux, vitrés, salins, sulphureux, arsénicaux, résineux & gras,
font des sujets de la fufion. Nous devons cependant avertir que la fufion
de ces dernieres matieres qui fe fondent facilement, & même à un feu
doux, s'appellent ordinairement *Li-
quefaction.*

Les fufions ordinaires chymiques fe
font ordinairement ou dans des creu-
fets, ou dans des coupelles, tantôt
avec des ingrédiens qui en facilitent
la fonte; tantôt par le moyen du feu
feul, doux, fort ou très-violent, fuivant le caractere & la tiffure du corps
que l'on met en fufion. Quant aux fufion métallurgiques, au nombre defquelles on peu auffi mettre la fufion
par la coupelle, elles demandent des
fourneaux & des vaiffeaux particuliers
& une maniere différente de procéder.
Voyez-en la defcription dans des Li-
vres de métallurgie.

Les ingrédiens dont on fe fert lorfqu'il s'agit fimplement de faire fondre
une petite quantité dans un creufet ou
dans une coupelle, font différens fels
moyens, comme le nitre, le fel culi-
naire, le fel ammoniac, le borax, &c,

G vj

de même que quelques sels alkalis fixes tant purs , comme les cendres gravelées , le sel de tartre ordinaire, l'ex-
remporané, la soude d'Espagne, &c ;
qu'impurs , c'est à dire , fort remplis
de particules- inflammables , charbo-
neuses , comme le flux noir , ou le sel
de tartre noirâtre , &c ; les uns facilitent simplement la fusion , d'autres
absorbent aussi l'acide qu'il y a de
trop , & qui fort souvent rend la fusion très-difficile , ou bien ils aug-
mentent le principe inflammable par
leurs particules grasses , & réparent
celui qui a été détruit. La fusion des
pierres & des mines, des métaux &
des demi-métaux , est fort souvent
précédée de quelques autres opérations , tels que sont la *Contusion* , la
Lotion & la *Tostion*. On écrasse ces
corps pour les mieux laver, les mêler
avec les ingrédiens qu'on y ajoutera,
& outre cela afin qu'ils puissent se fondre plus facilement. On les lave pour
en séparer les particules terreuses &
pierreuses qui y abondent. Enfin on les
fait griller pour chasser les parties sulphureuses & arsénicales qui sont en
trop grande quantité dans la mine,dé-

truifent une partie du métail tandis
qu'il eſt en fuſion, & le font évaporer
avec elles.

DE LA VITRIFICATION.

La *Vitrification* eſt une eſpece de
fuſion, par le moyen de laquelle on
change différens corps terreux, ſalins-
terreux, pierreux, métalliques & demi - métalliques en une maſſe dure,
fragile, brillante, tranſparente, ou
demi-tranſparente, en un verre parfait, ou en un corps plus ou moins
analogue au verre.

Cette Opération n'eſt pas de grand
uſage dans la Chymie pharmaceu-
tique, mais elle eſt d'une utilité ſi
étendue dans la Chymie méchanique
qu'elle a ſuffi depuis longtems pour
former un art particulier & diſtinct,
qu'on appelle l'Art de la Verrerie. En
effet, c'eſt par le moyen de cet Art
que ſe fabriquent non-ſeulement les
verres ordinaires qui ſont d'une utilité fort grande & très-étendue, mais
auſſi tous ces beaux verres colorés,
qui par leur brillant imitent ſi bien les
pierres précieuſes naturelles, &c., &c.

Les matieres les plus uſitées pour la vitrification ordinaire, ſont, le ſable pur, les cailloux blancs, le criſtal de montagne, les pierres tranſparentes, la magnéſie, ſurtout la meilleure & la plus pure du Piedmont, les cendres ordinaires & les gravelées, le ſel de tartre ordinaire, la ſoude d'Eſpagne & l'Orientale. La magnéſie purifie la maſſe du verre, c'eſt pourquoi quelques-uns l'appellent aſſez à propos le ſavon de verre. On ajoute la ſoude & les autres ſels alkalis fixes au premier, en partie pour en faciliter la fuſion, & en partie pour augmenter la maſſe du verre de leur terre vitrifiables, & éteindre auſſi l'acide du ſable & des pierres, contraire à la vitrification. Il paroît très-vraiſemblable qu'elle produit ce dernier effet, parce qu'il s'éleve peu à peu à la ſurface de la maſſe qui eſt en fuſion, une matiere écumeuſe-ſaline qui eſt d'un goût nitreux-ſalin & qu'on appelle chryſocole. Outre les corps dont nous avons parlé, on ſe ſert auſſi de différens concrets terreux & pierreux-métalliques, & demi-métalliques, des métaux mêmes & des demi-métaux purs, & en-

core plus souvent de leur cendres, de
leur chaux & des crocus ; par exemple, des cendres d'antimoine, d'étain,
de plomb, de la litarge, du minium, du
cuivre brûlé, de la chaux de Lune,
du saffran de Mars & d'or, d'émail,
du safre, de la pierre d'Arménie,
de la pierre d'afur, &c, pour former
les verres colorés, & on les faits fondre tantôt seuls sans y rien ajouter,
à moins qu'ils ne soient fort difficiles à fondre; tantôt on les ajoute à des
masses de verres cristallines déja toutes préparées, & avec lesquelles elles
s'unissent parfaitement bien au moyen
de la fusion, & leur communiquent
la couleur qu'ils portent avec elles.
Voyez ce qu'en ont dit *Nerri*, *Mer-
retus*, *Kunckel*, & tous ceux qui ont
écrit de la Verrerie.

La fusion se fait ou dans des creusets ordinaires, ou dans des vaisseaux
particuliers de terre, que l'on met
sur des fourneaux pratiqués exprès,
comme cela se voit dans les Verreries.
Tout cela se pratique au moyen d'un
feu très-fort qui puisse exactement
faire fondre les matieres ; car plus la
matiere est exactement fondue & plus

elle eſt parfaite, & elle a d'éclat.

DE LA RÉDUCTION ET DE LA RÉVIFICATION.

La *Réduction* eſt une Opération de Chymie par le moyen de laquelle les corps métalliques, les demi-métalliques & les autres mines réduites en cendres, en chaux, en crocus, & même en verre, reprennent leur premiere compoſition, leur premiere forme & leur premiere propriété. Cette Opération ſe fait de deux manieres générales, c'eſt à-dire, en redonnant à un corps le principe ſulphureux ou inflammable qu'on lui a enlevé, ou en lui ôtant les parties ſalines & les autres particules étrangeres qui lui ſont adhérentes. Dans le premier cas, on ſe ſert d'ingrédiens remplis de principes inflammables, par exemple, des ſucs des animaux, d'huiles onctueuſes, de la poix, du ſuif, des charbons, &c, & même quelquefois ſe ſert-on du ſoufre commun minéral pour la réduction du régul d'antimoine; dans le ſecond cas, on ſe ſert d'ingrédiens ſalins alkalis, tels que le ſel de tartre, les cendres gravelées, le flux noir, &c. Nous devons cependant obfer-ver qu'il y a très-fouvent des réduc-tions qui ne fe font qu'en redonnant au corps le principe dont il a été dé-pouillé & en le débarraffant des par-ties hétérogènes qui y font adhéren-tes ; elles ont par conféquent befoin d'un ingrédient tant inflammable que falin alkali.

Outre les ingrédiens dont nous venons de parler, il faut auffi pour achever la réduction que les matieres foient fondues jufqu'à être liquides, afin qu'on puiffe en ôter plus faci-lement & plus exactement les parties hétérogènes, que le principe inflam-mable qui doit en rétablir la compo-fition puiffe y rentrer, & que les cen-dres, les crocus & les chaux, puiffent, pendant leur fufion, recouvrir leur premiere forme & leur confiftance métallique ou demi métallique.

La *Révification* eft fort analogue à la réduction; elle eft cependant moins ufitée , & on s'en fert fimpl.ment pour les concrets falins & fulphureux-mercuriaux , par exemple , pour le mercure fublimé , l'æthiops minéral,

de même que pour les amalgames métalliques mercurielles. S'il s'agit de séparer le mercure de quelqu'amalgames métalliques, & qu'il faille lui redonner sa premiere fluidité, on n'a
besoin d'y rien ajouter, il ne s'agit que
de distiller l'amalgame dans une cornue lutée, garnie d'un récipient qu'on
a rempli d'eau, & que l'on expose à
un feu que l'on augmente peu à peu
jusqu'à un grand degré ; car alors le
mercure se résout par la chaleur violente en vapeurs, qui en passant dans
le récipient prennent la forme de glo-
bules en rencontrant l'eau froide qu'ils
traversent pour aller se réunir au fond ;
les autres molécules métalliques avec
lesquelles le mercure étoit amalgamé
restent fixes au fond de la cornue.

La révification se fait un peu autrement lorsqu'il est question de ressusciter le mercure du cinnabre, de
l'œthiops minéral & du mercure sublimé, puisque dans ce cas la distillation seule ne suffit point, & qu'on
est obligé d'y ajouter certains ingrédiens propres à enlever le soufre qui
le lie, & le sel acide qui le fixe, par
exemple, les sels alkalis fixes, la chaux

vive, la limaille de fer, le régul d'antimoine qu'on mêle par parties égales & même quelquefois en plus grande quantité. Ces ingrédiens ont plus d'affinité avec les acides & le soufre minéral qu'avec le mercure, & par leur union nouvelle ils forment de nouveaux composés, car en ajoutant un certain sel alkali fixe, à l'æthiops minéral & au cinnabre, il s'en forme le foie de soufre, & en l'ajoutant au régul d'antimoine, il s'en produit un antimoine regénéré, dépouillé cependant des stries brillantes. Nous observons la même différence entre les produits dans les différens mélanges que l'on fait pour ressusciter le mercure sublimé. En effet si on ajoute du régul d'antimoine, il se forme un beurre d'antimoine ; si on mêle de la limaille de fer, il en résulte un concret singulier, rougeâtre, qui exposé à l'air se résout en une liqueur jaunâtre & grasse, qui s'attache au col de la cornue.

De la Cristallisation.

La *Cristallisation* est une opéra-

tion de Chymie, par le moyen de laquelle les corpuscules salins les plus
petits, nichés dans les pores de l'eau,
se réunissent de façon qu'ils forment
par leur cohésion mutuelle de petites
masses remarquables, angulaires, brillantes & plus ou moins transparentes.
Les cristaux salins sont ou simples, ou
entiérement homogènes, ou mixtes;
les premiers sont composés de corpuscules salins de la même nature; les autres le sont ou d'eau ou des corpuscules salins d'une nature spécifique différente; ou d'eau, de corpuscules
salins & d'autres molécules d'un genre
bien différent, comme des sulphureuses, des sulphureuses arsénicales, de
terreuses métalliques & demi-métalliques, &c; du reste, l'eau est nécessaire pour former les différens cristaux
salins, & lorsqu'on l'en fait sortir en
les faisant trop sécher, ils perdent leur
forme & leur transparence cristalline,
& tombent en une poudre blanche à
laquelle on ne peut faire reprendre la
forme crystalline qu'en lui redonnant
de l'eau. Tous les sels moyens, & même quelques sels acides qui sont fort
terreux, par exemple, les cristaux de

tartre, le sel essentiel de petite oseil-
le, &c, de même que les corps alu-
mineux, vitrioliques & quelqu'autres
concrets acides métalliques & demi-
métalliques, font des matieres qui
se cristallisent. Quant aux sels acides
purs, & aux sels alkalis, ou ils ne
peuvent en aucune façon se cristalliser, où ils ne se réunissent jamais en
vrais cristaux parfaits. En effet, les
sels acides purs ne peuvent former
de molécules solides, parce qu'elles
manquent de terre, & que par conséquent lorsqu'on les fait évaporer
ils se résolvent insensiblement en vapeurs. Les sels alkalis fixes manquent
par le défaut de principe salin acide, & ne peuvent jamais outre cela
prendre une forme seche & solide,
qu'ils ne soient entiérement privés de
leur humidité aqueuse ; c'est pourquoi
ils ne se cristallisent point, & ils ne
font que se coaguler en une masse informe. Enfin les sels alkalis volatils
ou urineux ne peuvent jamais former
de cristaux réguliers & parfaits, quoiqu'ils prennent quelques figure crystalline lorsqu'on les fait sublimer &
qu'ils s'attachent comme des feuilles

aux parois du chapiteau , parce qu'ils s'exhalent ordinairement en très-peu de tems lorsqu'on les fait évaporer dans des vaiſſeaux ouverts , vu qu'ils ſont d'un caractere fort mobile. Pour que la cryſtalliſation ſe faſſe bien , il faut purger la leſſive ſaline des parties récrémentitielles dont elle eſt chargée en la filtrant pluſieurs fois ; lui ôter la trop grande quantité d'eau en la faiſant évaporer doucement & lentement dans des baſſins de verre , & concentrer cette leſſive au point qu'il eſt néceſſaire pour qu'il ſe forme à la ſurface un grand nombre d'étoiles brillantes ou une petite peau ſaline , laiſſer la leſſive concentrée & la placer dans un lieu frais , en repos pendant aſſez de tems pour que les particules ſalines puiſſent inſenſiblement ſe réunir en criſtaux. Quelques-uns s'aſſurent du degré de concentration néceſſaire , ſoit en goûtant la leſſive , ou encore bien plus exactement en y plongeant l'hydrometre , & ils filtrent auſſi une fois cette leſſive pour ſéparer les molécules terreuſes , qui quelquefois ſe précipitent en la faiſant évaporer.

Les cryſtaux qui s'en forment ont

aussi une figure & une grandeur distincte suivant la différente nature générique ou spécifique des sels & des
autres corps qui se cristallisent, & on
les fait dessécher à une chaleur douce après avoir décanté la liqueur qui
les surnage. Il faut cependant avoir
soin que les rayons du soleil ne dar-
dent point dessus, parce qu'ils dissi-
pent les parties aqueuses qui sont nécessaires pour former les cristaux, &
qu'ils détruisent entiérement en peu
de temps la forme réguliere de ces
cristaux; il est très-rare, ou même il
n'arrive jamais, que toutes les particules salines se cristallisent dans une
premiere cristallisation; mais il en
reste encore plusieurs fluides dans la
liqueur que l'on décante; c'est là pourquoi il est nécessaire de faire évaporer
& cristalliser cette liqueur jusqu'à deux
ou trois fois, si le corps que l'on cris-
tallise est assez précieux, pour dédom-
mager des peines que l'on prend pour
le faire cristalliser.

DE L'EFFERVESCENCE.

On distingue fort bien l'effervef-

cence en parfaite & en imparfaite.
L'effervefcence parfaite a beaucoup
de chofes communes avec le mouvement de l'eau bouillante, c'eft pourquoi on l'appelle ordinairement ébullition ; l'imparfaite confifte dans une
expenfion mouffeufe, prompte & plus
ou moins impétueufe de la maffe liquide, & fe fait toujours avec un certain bruit ; fouvent même la maffe,
comme cela arrive dans la premiere,
s'échauffe-t'elle plus ou moins ; c'eft
ce qui fait diftinguer cette efpece d'effervefcence en *chaude* & en *froide*.

Les corps falins acides & alkalis ne
font pas les feuls, comme la plûpart
l'ont cru autrefois, qui foient fufceptibles d'effervefcence, lorfqu'on les
mêle enfemble ; mais l'expérience
nous apprend qu'il fe fait une effervefcence parfaite ou imparfaite.

10. Lorfqu'on mêle des acides purs
avec des folutions acides-métalliques
& demi-métalliques, par exemple,
l'huile de vitriol avec la diffolution
d'argent, &c.

2°. Lorfqu'on mêle des acides liquides avec des terres concretes, furtout
alkalines, par exemple, la craie, les
coquilles

coquilles d'huitres, d'œufs, les yeux d'écrevisses, les os calcinés, les coraux, &c.

3°. Si on verse des acides concentrés plus puissans & spécifiquement plus pesans sur de l'eau simple & d'autres liqueurs aqueuses, comme l'huile de vitriol sur de l'eau simple, l'esprit de soude rectifié sur le phlegme qu'on en a retiré, &c.

4°. En mêlant des acides plus puissans avec les huiles & les esprits inflammables, par exemple, l'huile de vitriol & l'esprit de nitre fumant avec les huiles distillées, éthérées, l'esprit de vin, &c.

5°. En versant quelqu'acide sur quelques métaux, demi-métaux & autres corps terreux métalliques, par exemple, l'eau forte avec le cuivre, le zinc, le bismuth, la pierre calaminaire.

6o. Par le mélange des alkalis salins liquides avec les sels alkalis secs & solides, par exemple, l'huile de tartre par défayance, avec le sel de tartre sec, &c.

7°. Si on verse de l'eau avec des corps terreux-alkalis, par exemple,

Tome VI.   H

de l'eau fimple, avec de la chaux vive
feule & encore mieux avec un mêlange de chaux vive & de fel ammoniac.

On doit attribuer l'expenfion mouffeufe & violente des liqueurs qui entrent parfaitement en effervefcence,
à la propulfion & à l'expulfion vive
& forte de l'air qui y eft adhérent en
grande quantité; & cette effervefcence fe fait auffi-tôt que les molécules
qui ont une figure, une tiffure & une
pefanteur fpécifique différente, tendent à s'unir plus étroitement après
leur mêlange & emportées qu'elles
font dans un mouvement très-violent
& fort, elles fe brifent vivement les
unes & les autres. Dans l'ébullition
& l'effervefcence imparfaite, l'expenfion de la maffe liquide eft bien moin-
dre, & il s'éleve à la furface une bien
moins grande quantité d'écume; quelquefois même il ne s'y en éleve point
du tout, parce que les particules agitées ne renferment pas une auffi grande quantité d'air, que les molécules
porreufes des alkalis; & le tumulte qui
fe fait dans ce mouvement, n'eft cau-
fé que par le mouvement violent inteftin de a liqueu.

Les Chymiftes ont ordinairement recours aux effervefcences pour découvrir la nature de certains corps & leur principe conftitutif, puis auffi pour former certains fels neutres. Quant à l'ébullition & aux autres efpeces d'effervefcences incomplettes, on y a recours pour différentes raifons dans le détail defquelles nous n'entrerons pas ici. On doit encore obferver pour que l'effevefcence furtout la parfaite fe faffe bien qu'on doit verfer les liqueurs par le mélange defquelles ce mouvement doit fe faire, furtout fi elles font en grande quantité, dans un grand vaiffeau & à plufieurs reprifes, de crainte qu'en ne prenant point ces précautions, la liqueur ne s'éleve par deffus les bords, ou même que dans leur conflit elle ne brifent le vaiffeau, fi l'embouchure n'en eft pas affez grande pour les laiffer s'échapper.

DE LA FERMENTATION.

La *Fermentation* en général eft un mouvement qui fe fait dans une maffe, ou parfaitement liquide, ou demi-liquide, ou au moins mole un peu humide. Ce mouvement eft inteftin, broyant, tantôt tout-à-fait doux & clandeftin, ou au moins peu fenfible, tantôt accompagné d'une expenfion manifefte & d'une agitation tumuleufe des parties, par le moyen duquel les molécules ou purement mucilagineufes, ou aigrelets refineufes, ou huileufes-mucilagineufes qui nagent dans l'eau & qui y font plus ou moins mêlées, font plus ou moins promtement divifées, diffoutes, brifées & transformées de maniere qu'ils s'en forme ou une liqueur vineufe, ou un vinaigre, ou un fel volatil fétide; c'eft-là pourquoi les modernes ont diftingué la fermentation en vineufe, en acéteufe & en putréfiante.

Nous devons cependant obferver, par rapport à ces diftinctions, que les deux premieres efpeces fe rapportent à la fermentation proprement dite, & la troifieme à la fermentation prife dans un fens plus étendu. Dans la fermentation proprement dite, il fe fait une divifion, une diffolution & un broyement des parties bien plus confidérables, au lieu que dans la putréfaction leur composition est entierement détruite & les parties qui en résultent essuyent outre cela une métamorphose si considérable qu'elles ne conservent plus rien de leur premier caractere. Voici les signes de la fermentation vineuse complette ; la liqueur fermentante de trouble qu'elle étoit, devient transparente ; la masse fermentante est plus étendue ; les bulles ou les petites bulles d'air d'air y sont plus nombreuses, s'élevent insensiblement & peu à peu vers la surface, & forment çà & là, en se réunissant, une matiere écumeuse ; le mouvement intestin est plus ou moins tumultuaire , de maniere que certaines parties paroissent s'élever vers la surface & d'autres se précipiter au fond ; il s'en exhale une vapeur lente, aqueuse, aigrelete, inflammable, très-subtile, fort mobile, très-pénétrante & très-active ; la liqueur s'échauffe plus ou moins ; & enfin lorsque la fermentation tire sur sa fin, les particules plus légeres dont la liqueur se décharge, sont poussées dehors, tandis que les plus pesantes se précipitent.

Dans la fermentation acéteufe qui fuccede à la vineufe, les phénomè- nes dont nous venons de parler ne font pas fi manifeftes , & même quelques-uns de ces phénomenes fe manifeftent, ou ne paroiffent point du tout , fuivant le caractere & la confif- tence différente de la maffe fermen- tante ; il rrrive même quelquefois qu'il en paroît de nouveaux. En effet, les maffes molles & un peu humides , tel- les que font les maffes farineufes dé- trempées avec de l'eau , font fimple- ment fufceptibles d'expenfion , s'é- chauffent très-doucement & ont une odeur acide ; mais dans les liqueurs parfaites telles que le vin , la bierre, &c , il s'y fait une légere précipita- tation des parties fucculantes & il fe forme à la furface une petite peau moi- fie-graffe.

Prefque tous les fimples propres à la fermentation vineufe fe tirent du regne végétal , & ils font ordinaire- ment ou doucinâtres ou doux , ou ai- grelets doux , d'une nature & d'une tiffure farineufe , ou farineufe-hui- leufe , ou pulpeufe tant fucculante que feche , ou onctueufe-falini-forme ; ils font cependant chacun lâches dans l'enfemble de leurs parties & garnis de principes tempérés, mucilagineux, onctueux-huileux, & acides ou aigre-lets, explicites ou implicites, fort fouvent entremêlés, moderément à la vérité, de molécules réfineufes plus tendres; tels font, par exemple, parmi les farineux le froment, le feigle, l'orge, l'avoine & le milliet, le ris & le farrafin, &c; parmi les fa-rineux & les huileux-farineux, les amandes, les piftaches, les pignons d'inde, les avelines, les noix, les fe-mences de concombres, de melons, de courge, de fenu-grec, &c; par-mi les pulpeux, les chervis & les au-tres racines douces, les bayes de fram-boifier, de fureau, des grofeillers, toutes les efpeces de cerifes, de pru-nes, de poires, de pommes, de rai-fins, la manne, la pulpe de caffe, de tamarins, &c; & parmi les onc-tueux-falini-forme, le fucre, &c: on peut joindre auffi à ces fimples, le miel, & le lait eu égard à la fer-mentation acéteufe. Les autres par-ties des animaux fe pourriffent fa-cilement, & ne peuvent fermenter

H iv

de même que tous les minéraux.

On prépare de différentes façons les simples que l'on veut difpofer à la fermentation fuivant qu'ils font d'une tiffure ou d'un caractere différent ; on les écrafe, on en tire le fuc ; on les fait macérer, diffoudre, & quelquefois cuire dans l'eau fimple. On dépouille même les fruits & les femences trop huileux, de la trop grande quantité de leur huile, en les faifant germer ou griller. Enfin on expofe à l'air les femences farineufes, tels que font les bleds, après les avoir fait macérer dans un lieu tempéré & aëré, afin qu'ils pouffent leur germe blanchâtre ; puis on les écrafe dans un moulin pour les faire cuire enfuite dans de l'eau & avoir par ce moyen une décoction doucinâtre, que l'on purifie en la coulant d'une maniere particuliere.

La fermentation requiert néceffairement une chaleur modérée, un libre accès de l'air, une humidité fuffifante & un efpace affez grand. La chaleur qui eft la caufe externe principale du mouvement fermentatif, étend & remue non-feulement la maffe fermen-

tante, mais encore l'air renfermé dans
les pores du liquide & dont les molécules mêmes doivent se résoudre, être
atténuées & transformées ; fait par ce
moyen gonfler la masse, y excite un
frottement fort intestin des molécules, & c'est de ces deux actions que
dépendent immédiatement la dissolution, le broyement & les autres changemens. Nous ne pouvons cependant
trop observer qu'il ne faut qu'une
chaleur moderée, puisqu'une trop
forte, telle que nous l'observons fré-
quemment en Eté, étend tellement le
mouvement fermentatif que la fermentation vineuse dégenere promptement
en fermentation acéteuse. Pour ce qui
est du reste, tout ce que nous avons
dit ci-devant, & ce que nous venons
de dire, suffit pour en faire voir la né-
cessité. Quoiqu'avec toutes les condi-
tions dont nous venons de parler, les
liqueurs & les masses un peu plus épais-
ses fermentent après plus ou moins de
tems, ou ne laisse pas quelquefois
que de leur mêler certains ferments,
comme la lie de vin ou de bierre fraiche, la cassonade encore remplie de
particules onctueuses écumantes, le

miel qui n'eſt pas clarifié, le levain,
&c, afin que la fermentation ſe faſſe
plus promptement, & qu'enfin, elle
ſe continue auſſi plus vîte. D'autrefois
auſſi on y jette quelques gouttes d'huile de tartre par défaillance & d'huile
de vitriol, afin que la légere efferveſ-
cence que ces liqueurs produiſent
puiſſent exciter la fermentation, ou
un mouvement analogue. Les fermens
& toutes les autres ſubſtances dont
nous avons parlé peuvent à la fin exciter & faciliter la fermentation, mais
ce mouvement peut auſſi trouver un
grand nombre d'obſtacles, tel qu'un
trop grand froid, ſi on bouche entierement & fermement les vaiſſeaux,
qu'on mêle des ſels alkalis, des terres
alkalines comme la craie, qu'on inſi-
nue dans le tonneau la fumée de ſoufre ordinaire ou des acides explicites
plus peſans & plus groſſiers, tel que
l'eſprit de ſel, celui de nitre & de vitriol, ſurtout ſi on les mêle en trop
grande quantité, non-ſeulement ils
empêchent la fermentation, mais même ils la diminuent ou la ſuppriment
quelquefois entierement lorſqu'elle eſt
commencée.

On ne peut exactement déterminer le temps d'une fermentation parfaite. En effet, la diversité des sujets, des climats, des temps de l'année, des vents, du ferment qu'on ajoute & de la chaleur, &c , causent de grandes différences. Du reste , on s'apperçoit que la fermentation tire sur sa fin lorsque la masse , qui auparavant étoit écumeuse & en mouvement, cesse d'écumer & revient peu à peu au repos, que la liqueur qui auparavant étoit trouble s'éclaircit , & qu'elle exhale une odeur aigrelette vineuse.

Nous joindrons ici à la fermentation vineuse, la *Confermentation* qui se pratique pour que les simples ameres , aromatiques, balsamiques , & d'autres communiquent plus ou moins leur saveur, leur odeur & leur force, à la liqueur fermentée, ou avant sa fermentation. Nous devons cependant observer qu'on mêle quelquefois parfaitement & immédiatement les simples dont nous venons de parler avec la liqueur à laquelle on veut communiquer les qualités de ces simples, que d'autres fois on ne les faits que plonger envelopées dans un nouet

que l'on tient fufpendu au moyen d'un
fil. La fermentation a de très-grands
& d'excellents ufages, puifque c'eft
par fon moyen qu'on prépare, non
feulement les vins de toutes les efpeces, mais encore les différentes liqueurs vineufes, telle que les bierres
fimples & médécinales, les cidres,
&c, de même que les vinaigres. On
fçait outre cela que les efprits inflammables doivent uniquement leur
premier origine à la fermentation, &
qu'on ne les tire que des liqueurs vineufes, par le moyen de la diftillation.

La *Putréfaction* eft une fermentation
impropement dite ; la carie, la mau-
vaife odeur, la rancidité, la moififfu-
re, la vapidité, en font des efpéces.
Elle confifte dans un mouvement inteftin plus doux, & par conféquent
moins tumultuaire ou moins apparent
que la fermentation vineufe ; réfout
néanmoins jufqu'au centre & radica-
lement les corps, & métamorphofe
tellement les parties de ces corps qu'il
s'en forme une huile fetide & un
fel gras volatil urineux. Voici les
fignes que la putréfaction eft com-

plette : la matiere qui essuie ce changement est plus ou moins gonflée sans
cependant qu'il y ait de bruit remarquable , elle s'échauffe en quelque
façon , & cette chaleur se fait d'abord
sentir dans le centre du corps qui se
pourrit , & ensuite aux environs, s'é-
tend jusqu'à la circonférence , quelquefois même elle s'augmente dans
les corps qui sont plus garnis de substance inflammable & un peu humide, de maniere qu'il en sort une flâ-
me ou au moins un feu plus tendre
qui le fait assez connoître par la lu-
miere qu'il jette ; il s'en exhale une
puanteur considérable & plus ou
moins pernicieuse ; le corps se résoud
en une masse onctueuse & souvent
écumeuse, tantôt parfaitement liquide, tantôt demi-liquide , & comme
en forme de pulpe. La plûpart des
corps composés de parties hétérogènes ne peuvent passer par la pourriture, & les substances qui y paroissent
plus propres que d'autres sont d'une
tissure lâche , bien plus garnie d'humidité aqueuse , & se tirent du regne
animal & du végétal.

Une chaleur modérée , l'humidité

de l'air, de l'eau, excitent la pourriture & la facilitent. Une chaleur plus
forte au contraire, qui féche promptement les corps, un air froid & très-
fec, un froid très-piquant, la féche-
reffe & la tiffure compacte des corps
que l'on veut expofer à la pourriture,
retardent cette action ou l'empêchent
même entierement ; d'où il eft facile
d'entendre ce qu'il faut faire, ou
de quoi il faut s'abftenir fi on
veut bien reuffir dans ces fortes d'o-
pérations lorfqu'on les fàits exprès.

Les Chymiftes expofent certains
corps plus propres que d'autres à la
putréfaction pour trois raifons différentes, la premiere pour diffoudre par
ce mouvement inteftin tout-à-fait
broyant, l'union des principes con-
ftitutifs des corps, & pour féparer
les partics volatiles des fixes ; en fecond lieu pour faire prendre aux parties diffoutes une forme & une nature différente ; en troifiéme lieu pour
volatilifer les fels & les changer en
urineux, foit qu'ils foient fixes ou
acides, ou alkalis ou moyens ; c'en eft
là la fin principale, & les autres effets font d'une fort petite utilité, en

ce qu'elles changent confidérable-
ment les élémens des corps diffous
par la chaleur, & que conféquemment
on ne peut plus ou prefque plus reconnoître leur premier caractere.

Fin du fixieme & dernier Volume.

EXPLICATION DES FIGURES, *relatives à tout l'Ouvrage.*

PLANCHE I.

Figure 1.

AB. CD. Deux Verges de Fer, cylindriques, & longues de trois pieds.

E. Anneau dont l'ouverture est éga- au diamètre de ces deux deux Verges, lorsqu'elles sont froides.

F. Manche de cet Anneau.

Fig. 2.

AC. BD. Deux Regles paralleles, divisées en petites parties égales.

AB CD. Deux autres Regles aussi paralleles, & dont la premiere est mobile dans des rénures pratiquées en AC & BD.

EF. Verge de Fer, dont on veut mesurer la longueur lorsqu'elle est froide, & quand elle eſt chaude.

Fig. 3.

A B. Lame de Cuivre diviſée en petites parties.

B C. Autre Lame auſſi diviſée en petites parties, & fixée en B, per-
pendiculairement à A B.

A D. Troiſième Lame, mobile autour d'un Axe en A, afin qu'en
l'appliquant ſur une verge de
métal, placée perpendiculaire-
ment à quelqu'une des diviſions
de A B, elle détermine ſur B C
la différence qu'il y a entre la
longueur de cette verge quand
elle eſt froide, & ſa longueur
lorſqu'elle eſt échauffée.

PLANCHE II.

Figure 1.

A B D C. Thermomètre commun de
Drebbel.

A. La pomme creuse du Thermomètre, remplie d'Air.

B D. Partie de son cou, aussi remplie
d'Air.

D C. Autre partie de son cou, pleine
d'une liqueur colorée.

E. Vase qui contient cette liqueur.

Fig. 2.

A B C D E F. Autre Thermomètre de
Drebbel plus sensible,
& vû par devant.

Fig. 3.

A B C D E F. Le même Thermomètre, mais vu de coté,
pour laisser paroitre les
deux segmens de sphère
dont sa cavité supé-
rieure est formée.

PLANCHE III.

Figure 1.

A. Petite sphère où le Feu, qui y est contenu, se répand uniformement de tout côté.

B. Autre sphère plus grande, concentrique à la précédente, & dans laquelle le Feu, qui sort de A, se répand uniformement.

Fig. 2.

AFIG. BDIE. Deux globes égaux, qui se touchent au point I.

CD. Ligne droite tirée du centre C du premier globe, & qui touche le secod en D.

CE. Autre ligne droite menée du même point, & qui touche le second globe en E.

CFG. Secteur dans lequel est contenue cette partie du Feu, qui peut se communiquet unifor-

mement du globe A au globe
B. Quand on a trouvé la raifon de ce fecteur à tout le
globe, on peut déterminer la
quantité de Feu, qui fe répand
uniformement du centre d'un
globe, dans un autre globe
qui lui eft égal, & qui le
touche.

Fig. 3.

A. B. Deux globes égaux, qui fe touchent en **K.**
C. Centre du globe **A.**
D. Centre du globe **B.**
C K D. Ligne droite qui joint ces
Centres.
E G. Ligne qui touche les deux globes, & qui eft parallèle à **C K D.**
F I. Autre ligne qui touche ces globes, & qui eft parallèle à **E G.**
E F G I. Cylindre par lequel tout le
Feu du globe **A** eft pouffé
fuivant des lignes parallèles
dans le globe **B**, & qui raf-
femble ainfi le Feu, lequel
auparavant étoit difperfé
dans toute la capacité du

globe A. Par conséquent ce
Feu doit être quatre fois
plus denfe dans le Cercle
GDI.

PLANCHE IV.

Figure 1.

A B C D. Cylindre de tole, creux, ouvert par les deux bouts, & qui ſert de Foyer.

B D. Son Ouverture inférieure où il y a une grille, & par laquelle il a communication avec un autre Cylindre.

E F G. Cet autre Cylindre fait auſſi de tole : il eſt creux de même que le précédent, mais il eſt coudé en F, fermé en E, & ouvert en G, par où ſort la fumée ſans être viſible.

Fig. 2.

A B C D E F. Vaiſſeau de Fer qui a la forme d'un parallèle-pipède, & qui eſt ouvert en A B C D.

I K L M. Grille ſur laquelle on met la matière combuſtible.

E M. Eſpace au‑deſſous de cette

grille, dans lequel la flamme &
la fumée se précipitent, dès que
le tuyau O G H est échauffé.

N O. Ouverture qu'on a représentée
ici quarrée, mais qui peut être
ovale, comme il est dit dans le
texte. Si on la veut quarrée, on
la fait un peu plus étroite que
K M, mais si on la veut ovale,
il faut que son diamètre soit de
la même longueur.

N O P G H. Tuyau de Fer auquel on
peut donner la forme
d'un parallèlepipède,
comme dans cette figu-
re; ou celle d'un Cylin-
dre dont le contour est
elliptique, comme il est
supposé l'avoir dans le
texte. Il est ouvert à ses
deux extrémités N O
& H.

Fig 3.

Cette Figure & la suivante, quoiqu'elles ne soient pas citées dans le
Texte, servent à éclaircir les expériences rapportées.

A B C. Cloche ou Récipient de verre, le plus grand que j'aie pu trouver. Il est ouvert en C, de même qu'en A B, où l'on a coupé orbiculairement le fond.

D. Cylindre de Cuivre, où on met la liqueur qu'on veut faire brûler, & la flamme H est reprimée par le Récipient.

E F G. Trois briques sur lesquelles on place le bord inférieur du Récipient, afin que l'air puisse y entrer librement.

Fig. 4.

A B C. Cloche ou Récipient de verre, semblable à celui de la Figure précédente.

D. Petite écueille de Cuivre, haute d'un pouce, où il y a de l'alcohol qui brule.

E. Réchaud où il y a un charbon ardent, sur lequel on pose cette écuelle.

F G I. Briques qui soutiennent le bord inférieur du Récipient.

PLANCHE

PLANCHE V.

Figure 1.

A. Flamme que donne l'alcohol fous le Récipient.

ABC. Thermomètre fixé contre la planche D E F G , par des anneaux de Cuivre M , N, O.

HIKL. Eſt un pied adhérent à la planche D E F G , & qui fert à foutenir le Thermo- mètre pour qu'on puiſſe le placer commodément fur une Table. Il n'eſt pas parlé de ce pied dans le Texte; on l'a ajouté dans cette plan- che, pour faire voir com- ment on peut rendre plus facile l'uſage de ce Ther- momètre.

PQ. Vaiſſeau dans lequel on plonge le Cylindre A B du Thermo- mètre, & où l'on verſe fuccef- fivement les liqueurs qu'on veut mêler.

Fig. 2.

Il n'eſt pas parlé de cette Figure, ni de deux ſuivantes, dans le Texte. Elles ſont miſes ici à l'occaſion de la Figure précédente.

A B C. Premier Thermomètre de Fahrenheit, fait d'eſprit de Vin coloré, qui par ſa dilatation indique l'augmentation de chaleur dans l'Atmoſphère.

A B. Sa partie inférieure figurée en un Cylindre dans lequel tout l'eſprit ſe concentre par le plus grand froid naturel connu, & qui alors contient 1733 parties d'eſprit, pendant que le tube BC n'en peut contenir que 96.

B C. Partie ſupérieure du Thermomètre, diviſée par le moyen de l'échelle, qui lui eſt adhérente, en 96 parties égales, pour qu'on puiſſe obſerver les changemens qui arrivent dans la dilatation de la liqueur.

Fig. 3.

A B C. Second Thermomètre de Fahrenheit, fait de Mercure.

A B. Sa partie inférieure qui dans le plus grand froid naturel, contient 11520 parties de Mercure, pendant que le tube B C n'en contient que 96.

B C. Partie supérieure du Thermomètre, divisée par le moyen de l'échelle qui est à côté en 96 parties égales, pour qu'on puisse remarquer les changemens qui arrivent dans la dilatation du Mercure.

Fig. 4.

Cette Figure représente un troisième Thermomètre de Fahrenheit, qui peut servir à mesurer la chaleur du corps humain.

A B. Tube de verre, scellé hermétiquement à ses deux extrémités.

C D. Thermomètre fait d'esprit de Vin coloré, ou de Mercure, & renfermé dans le Tube A B.

I ij

D E. Pomme de ce Thermomètre.

E G. Son cou.

E F. Liqueur qui en montant ou en defcendant dans ce cou marque les dégrés de chaleur ou de froid.

E F G. Papier renfermé avec le Thermomètre dans le Tube, & où font marquées les divifions qui indiquent les dégrés.

On peut connoitre le dégré de chaleur d'une perfonne en laiffant pendant quelque tems ce Thermomètre fous fon aiffelle, ou contre fa poitrine, ou dans fa bouche.

PLANCHE VI.

Figure 1.

Il n'eſt pas parlé de cette Figure dans le Texte, non plus que des trois dernieres de la planche précédente, avec leſquelles elle doit être jointe.

ABCD. Lame de Cuivre creuſée en VXYZ, pour y recevoir la pomme du Thermomètre.

F. Thermomètre de Mercure, conſtruit de façon que dans le plus grand froid il eſt en I, & que le chaleur du Mercure bouillant le fait monter juſqu'en F.

EG. La pomme de de ce Thermomètre.

GF. Son cou, diviſé en 600 parties égales par les dégrés gravés ſur la Lame AD. La petiteſſe de la Figure, a empêché qu'on ne put y marquer exactement les graduation de cette Lame, c'eſt pourquoi on s'eſt contenté de la diviſer groſſièrement de 65

en 65 parties, par les lignes
IKLMNOPQRS. En G &
en F on voit deux demi-cercles
qui tiennent le Thermomètre
appliqué contre la Lame, mais
qu'on peut ôter quand on veut.
a b c d Vaisseau de cuivre, dans lequel
on fait bouillir la liqueur dont
on veut connoître la chaleur;
quand elle bout on y plonge le
Thermomètre, séparé de la
Lame A D, & l'on a soin de
faire une marque dans le cou
G F, à l'endroit jusqu'où le
Mercure s'élève; afin qu'le
serve à faire connoître le degré
qu'on cherche, lorsqu'on remet
le Thermomètre sur la Lame
graduée.

Fig. 2.

A. Vase cylindrique, bien rempli
d'eau. Il est représenté au haut de
la planche ouvert en *a*, & repo-
sant sur son fond. Au bas, il est
représenté en deux situations différentes; dans la premiere son ouverture regarde la terre, & dans
la seconde il est disposé horizon-

talement, sans que cependant l'eau, qu'il contient, s'écoule ; le morceau de papier D, appliqué à l'ouverture, l'en empêche.

B B. Vases coniques ouverts par leur base, & fermés à leur sommet E. Ils servent à faire la même expérience qu'on fait avec le Vase précédent.

C C. Petits Matras, qu'on emploie aussi aux mêmes usages.

D. Morceau de papier, qu'on applique à l'ouverture de ces différens Vaisseaux.

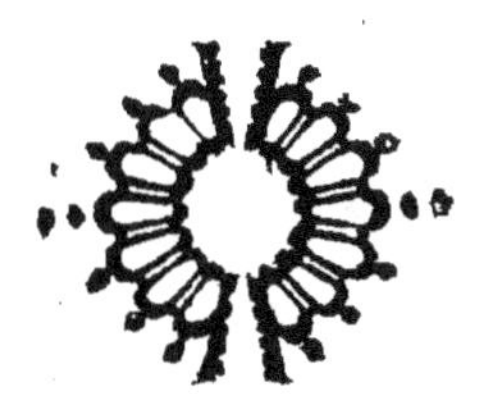

PLANCHE VII.

Figure 1.

A B b C. Tube également large partout, coudé en B, b, & fait d'un verre fort.

A B. Sa plus grande branche, qui a plusieurs pieds en hauteur.

b C. Sa plus petite branche, longue de 12 pouces, & divisée exactement en lignes.

C. Extrémité de cette derniere branche, scellée hermétiquement.

Fig. 2.

A B C. Matras rempli d'eau, & dont l'ouverture est tournée vers en bas.

A B. Son cou, dont l'ouverture A, a cinq lignes de diamètre.

B C. Sa pomme, au sommet de laquelle on voit en C, de l'air formé par des bulles qui montent le long du cou.

A, d, e, f, g, h. Bulles sous la forme

desquelles l'air entre
par le cou du Ma-
tras, & va se réunir
au haut de la pom-
me sans se mêler
avec l'eau.

Fig. 3.

A B C. Matras semblable au précédent, rempli d'eau, & dont
l'ouverture est tournée vers
en bas.

A B. Son cou, dont l'ouverture A, a
huit lignes de diamètre.

B C. Sa pomme encore pleine d'eau.

d, e, Grosses bulles, sous la forme
desquelles l'air entre, & va se
réunir au haut du Matras.

Fig. 4.

A B C. Le Matras de la Figure précédente, rempli d'eau, & dans
une situation horizontale.

d, e, Grandes bulles d'air, qui restent
long-temps au milieu de l'eau,
sans se diviser.

I v

Fig. 5.

A B. Tuyau de verre, étroit, & ouvert aux deux bouts.
A C. Eau, dans laquelle on plonge la
partie du Tuyau, marquée par
les mêmes lettres.
C D. Eau qui monte d'elle-même dans
le Tuyau.

PLANCHE VIII.

Figure 1.

A, B, C. Trois verres coniques, dans chacun desquels il y a de l'eau d'un dégré de chaleur différent.

D E H I. Platine de la Machine pneumatique , à laquelle on a joint le Tube K L.

Fig. 2.

F G M N. Récipient qu'on place sur la platine au-dessus des verres A , B , C , & dont on tire l'air par le Tube K L.

A B. Vaisseau de verre , cylindrique, & dont le fond B est plat.

C D. Matras de verre , dont la pomme C peut entrer dans le Vase A B, afin que son ouverture D puisse parvenir jusqu'au fond de ce Vase.

Fig. 3.

A B. Vaisseau de cuivre , ouvert en

A, & rempli d'eau, son fond B
est plat.

BCD. Entonnoir, ouvert en D, &
dont la partie D E s'insère
dans le cou E G du Matras
EFG, qui est plein d'eau.

Fig. 4.

A B. Vase de cuivre qui a la forme
d'un parallèlepipède.

B. Son fond qui est plat, & où il y a
en C une cavité orbiculaire, dans
laquelle on met une goutte d'eau
qui n'a pas été cuite.

D. Petit Vase conique, dont la base
a assez de largeur pour environner
la cavité C, au-dessus de laquelle
on le voit en E. En F il est représenté renversé, afin que l'air en
sorte, & que l'huile, qui bout dans
le Vase A B, y entre.

G. Chandelle allumée, placée au-
dessous de la cavité où est la goute
d'eau, couverte d'huile.

PLANCHE IX.

Fig. 1.

A B. Cylindre de cuivre creux.

B C D. Tuyau cylindrique, aussi de cuivre, haut de 6 pieds ; en B il s'insère dans le cylindre A B, avec lequel il est soudé ; il est coudé en C, & l'on verse par son ouverture D, la liqueur dont on veut remplir A B.

F Robinet que l'on tient ouvert, afin de laisser échapper l'air, lorsqu'on remplit le Cylindre A B.

G. Poids dont on charge le Couvercle A F.

Fig. 2.

A B. Cone solide d'Acier, divisé en parties égales.

C D. Cone de bois, creux, & fait de façon que quand il est sec, sa cavité conique réponde exacment à la convexité du Cone A B.

Fig. 3.

A B C D. Vaiſſeau de verre, ou phiole cylindrique, dont le fond B C eſt plat vers les bords, mais s'éleve un peu dedans en E.

F G H I. Col de la phiole, dont l'ouverture eſt d'un pouce & demi.

K L. Rebord qui entoure l'ouverture, & qui empêche que la liqueur, qu'on verſe goutte à goutte ne coule le long des parois du verre.

M N. Bouchon de verre ; dont la tête M eſt plate, & dont la partie N eſt cylindrique, & polie avec du ſable, pour qu'elle s'ajuſte dans le col H G.

Fig. 4.

O P Q R. Anpoulle propre à conſerver des huiles précieuſes.

A. Creuſet.

B & C. Vaiſſeau qui ſont des ſegmens de ſphère, & qui ſervent à l'uſtulation de matieres fixes.

PLANCHE X.

Fig. 1.

ABCDEF. Vaisseau distillatoire, nommé Cornue ou Retorte.

ABCD. Sphère creuse qui forme le ventre de la Cornue.

ADEF. Col de la Cornue, dont la partie supérieure A E est une ligne droite qui touche le sommet de la sphère en A, & dont la partie inférieure DE est la continuation du diamètre de la sphère.

Des trois différentes Cornues, qu'on a fait représenter ici, la derniere est la plus commode.

Fig. 2.

ABCDE. Vaisseau propre à la distillation de matieres fixes, telles que de Phosphore, &c.

Fig. 3.

A B C D. Vaisseau cylindrique, qu'on
emploie pour la distillation
des esprits acides fossiles.
E F G H. Col de ce Vaisseau, qui a
une large ouverture.
I K L M. Tuyau cylindrique qui s'insère par un bout dans l'ouverture H G du Vaisseau
précédent, & dont l'autre
entre dans l'ouverture N O
du grand Récipient N O
P Q.

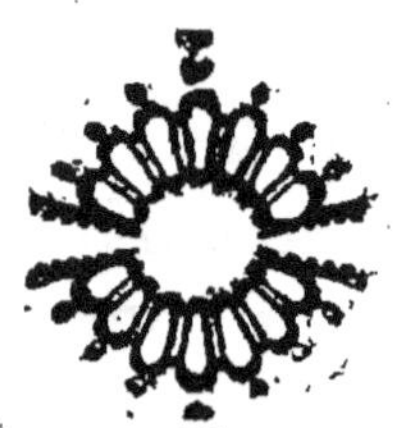

PLANCHE XI.

Fig. 1.

A B C D E. Cone creux d'étain, haut de quatre pieds. Le diamètre de sa base A B est de six pouces, & celui de son sommet E d'un pouce. La partie A B C D est un cylindre.

E F. Continuation de ce Cone en un Tuyau cylindrique.

F G. Production de Tuyau, qui se dévoie en F, pour pouvoir entrer dans l'ouverture d'un Serpentin.

H. I. K. Traverses qui affermissent ce Tuyau avec le Cone.

Ce Chapiteau est celui, dont on se sert pour la distillation de l'Alcohol.

Fig. 2.

Vaisseau de verre, fait de façon que le goulot postérieur de l'un puisse s'insérer dans le goulot antérieur de celui qui le suit. On les lute bien ensemble, & on s'en sert pour augmen-

ter la diftance entre le Vaiffeau, où
fe fait la diftillation, & le Récipient.

Fig. 3.

Un Pélican.

Fig. 4.

Appareil qui tient lieu de Pélican.
Il eft fait de deux Matras, lutés l'un à
l'autre.

PLANCHE XII.

Fig. 1.

Dans cette Figure on voit joints ensemble & adaptés pour la distillation, les Vaisseaux qui sont séparés dans la *Fig.* 3. de la Planche X.

ABCDEFGH. Vaisseau de terre, qui sert à distiller les Esprits acides fossiles. On le place horizontalement dans le Fourneau.

IKLM. Tube cylindrique, qu'on fait entrer dans l'ouverture du Vaisseau, où s'opère la distallat.., & dans le Récipient.

Fig. 2.

NOPQ. Grand ballon ou Récipient, Phiole chymique, ou Matras.

Fig. 3.

Grand Ballon ou Récipent sphérique, fort en usage à présent.

PLANCHE XIII.

Premier Fourneau.

ABCDEFGH. Prifme quarré, creux, & fait de bois de chêne. C'eft le Corps du Fourneau.

ABEF. La bafe du Fourneau, dont un des côtés, tel que AB, a neuf pouces de longueur.

AC, BD. Côtés du Fourneau, hauts de quatorze pouces.

ABIS. Le Foyer, haut de cinq pouces.

ILMSNO. Planche d'un pouce d'épaiffeur, qui fépare le Foyer d'avec la partie fupérieure du Fourneau.

LCMD. Partie fupérieure du Fourneau, haute de huit pouces.

PP. Trou rond de cinq pouces de diamètre, fait dans la planche de féparation. On plate fur ce

trou le ventre de la Cucurbite,
du Matras, ou de la Cornue, où
se fait la distillation. Son bord
supérieur doit être un peu ar-
rondi.

Q Q Q Q. Quatre trous ronds, d'un
pouce de diamètre, pour
laisser passer la chaleur.

R S T V. Porte qui bouche fort juste
l'ouverture du Cendrier ;
afin que cette porte close
mieux, elle couvre une partie de la planche I M.

X X X X. Quatre trous ronds, pratiqués dans la porte pour
donner accès à l'Air.

Z. Bouchon qui sert à fermer ces
trous, quand on veut qu'il y passe
moins d'Air.

a D *b c*, *c* H *d* G. Deux battans à
gonds, qui ser-
vent de couver-
cle à la partie su-
périeure du Four-
neau.

f g h i. Piéce quarrée qu'on peut enlever d'un des côtés du Fourneau.

f p . g p . h p . i p. Cette même piéce

séparée du Corps du Fourneau , afin qu'on puisse voir de qu'elle maniere les côtés doivent être taillés en biseau , pour qu'ils puissent s'insérer dans la rainure, faite à la planche où cette piéce doit s'appliquer. On se sert de cette piéce quand on fait des distillations avec la Cucurbite ou le Matras.

k l m n. Piéce analogue à la precedente , mais percée au milieu d'un trou rond *o*, par où l'on fait passer le col de la Cornue, dans laquelle se fait la distillation.

q. Terrine dont on se sert en guise de Foyer.

r. Son anse.

s. Ses pieds.

PLANCHE XIV.

Second Fourneau.

A C, B D. Pieds du Fourneau, hauts de douze pouces.

CD. Plaque de tole, qui fait le fond du Fourneau, & dont le diamètre est de dix-sept pouces.

EF. Grille, composée d'un anneau plat, & de cinq ou six petites barres de Fer ; cette Grille est éloignée de quatre pouces du fond du Fourneau. On l'a representée separément en Y.

E G F H. Cylindre creux de Fer, haut de treize pouces.

I K L M. Cavité du Fourneau, formée en Ellipse.

K H. Echancrure faite au Fourneau ; pour y placer le col de la Cornue.

I K X. Bassin de Fer, qui bouche le haut de la cavité du Fourneau.

N O P Q. Porte du Cendrier, qui a quatre pouces de haut sur

six de large.

R S T V. Ouverture de la porte du
Foyer.

Z. Fermoir de cette Ouverture.

a. Ce même Fermoir, mais vu de côté.

b c d e. Modèle de bois, qui est une
portion d'ellipse, & qui sert à
former la cavité du Fourneau.

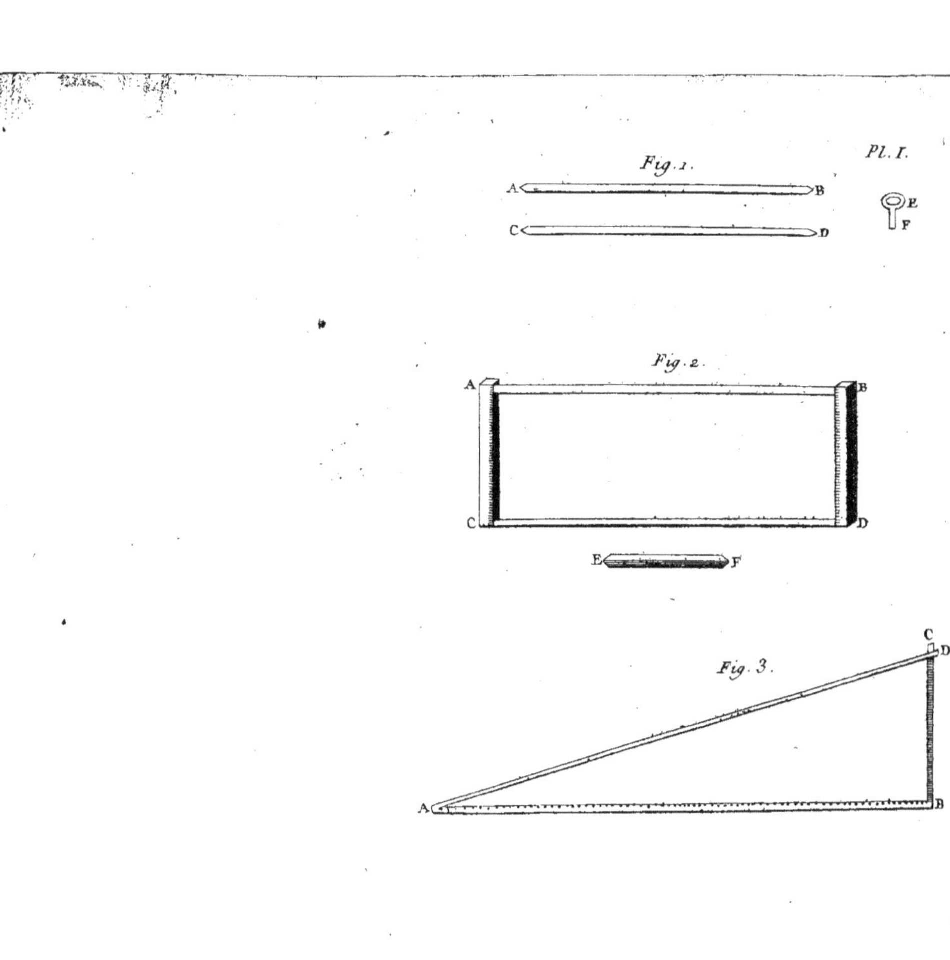

Fig. 1.
Pl. I.
A
B
C
D
E
F
Fig. 2.
A
B
C
D
E
F
Fig. 3.
C
D
A
B

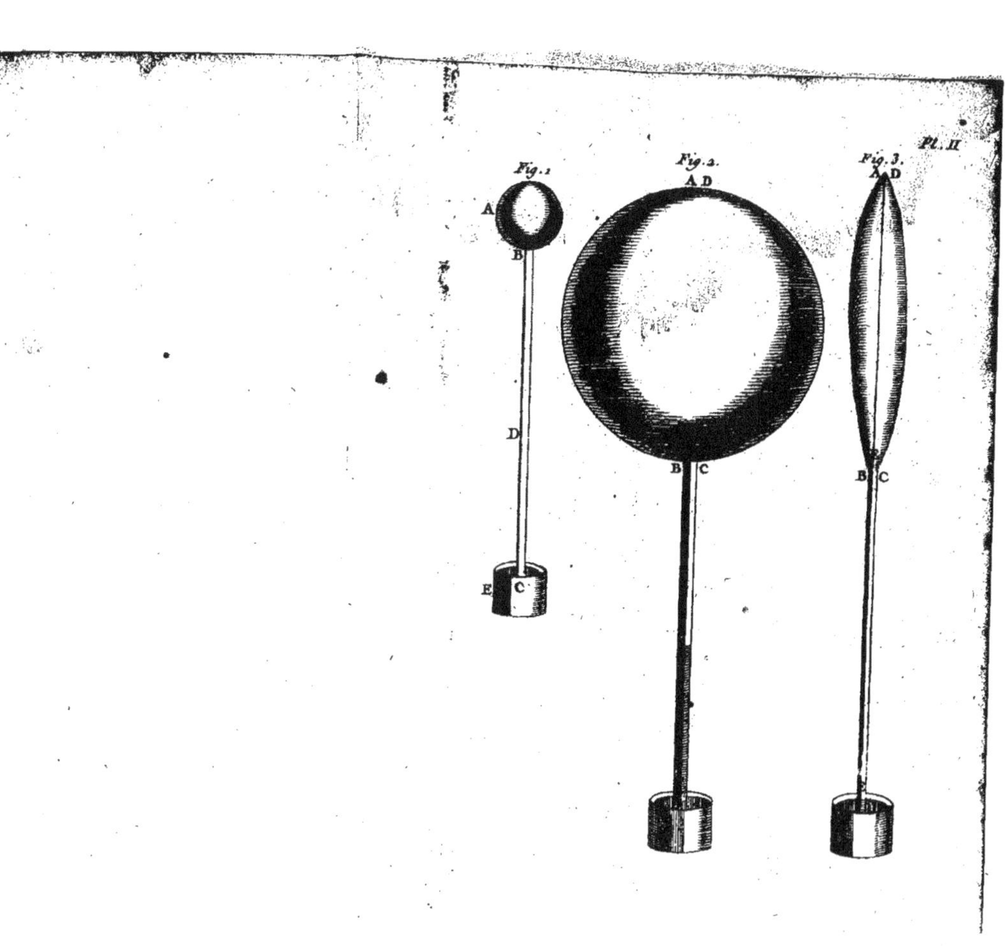
Fig. 1
A
B
D
E C
Fig. 2.
A D
B C
Fig. 3.
A D
B C

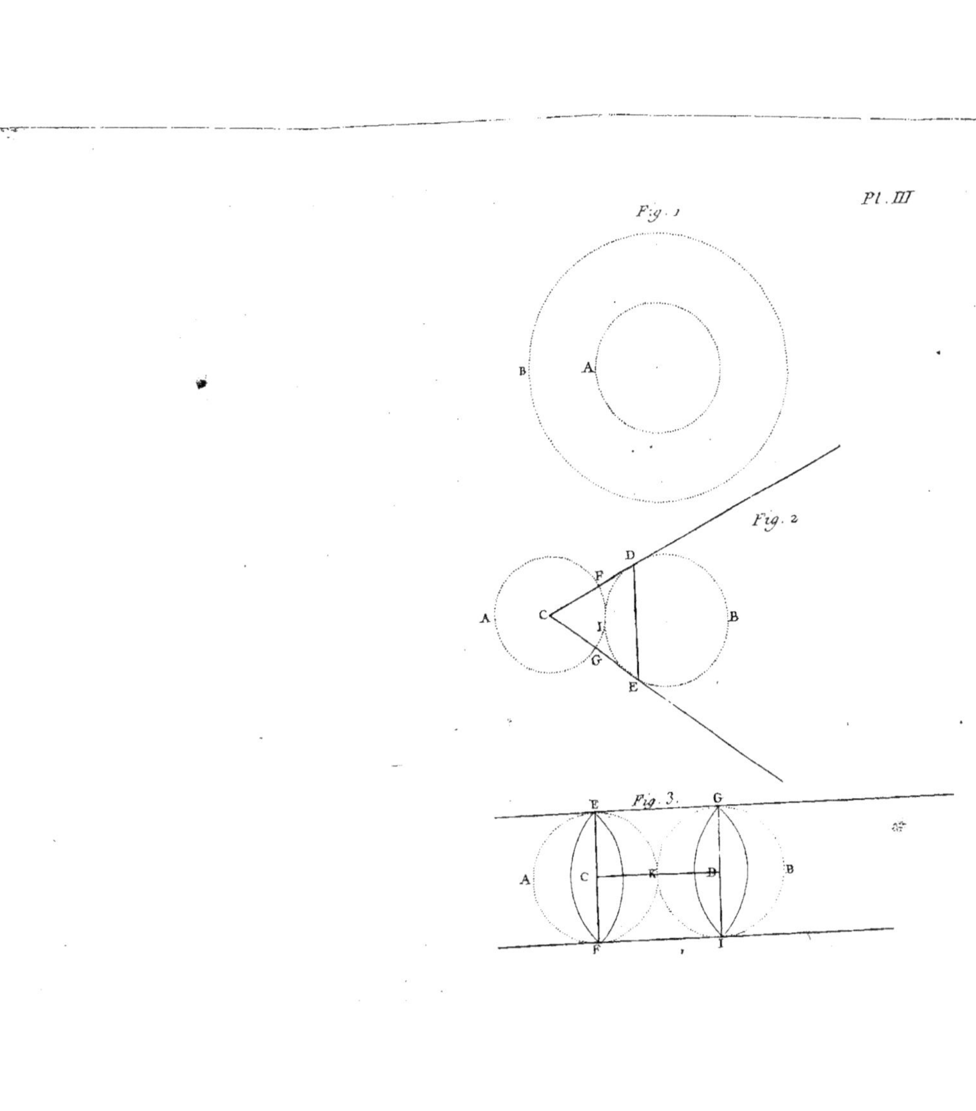
Fig. 1
B
A
Fig. 2
D
F
A
C
I
B
G
E
Fig. 3
E
G
A
C
K
D
B
F
I

Pl. IV.

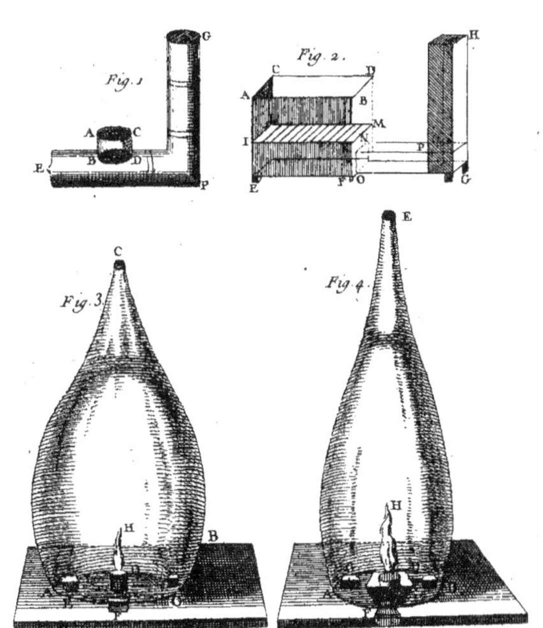
Fig. 1.
Fig. 2.
Fig. 3.
Fig. 4.

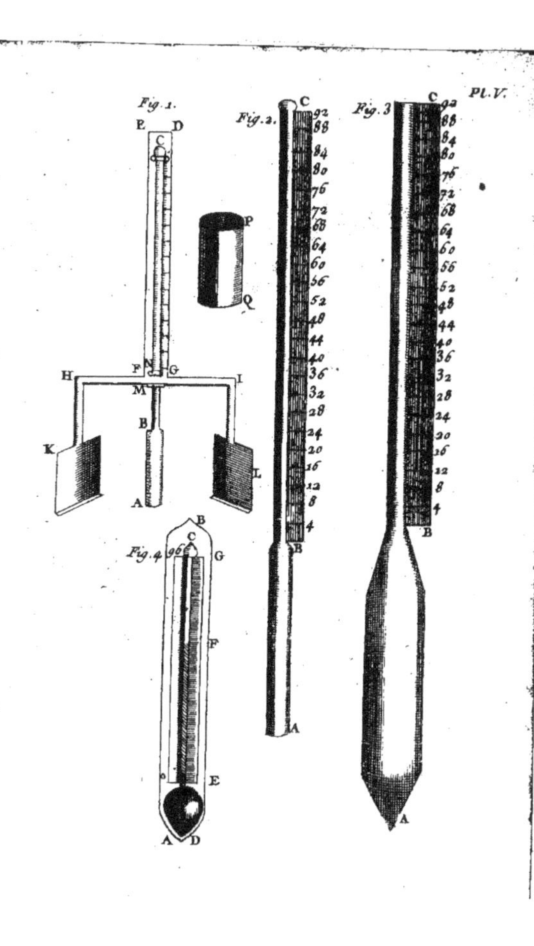
Fig. 1.
Fig. 2.
Fig. 3.
Pl. V.
E C D
C
P
Q
H F N G I
M
B
K L
A
Fig. 4.
B
C G
F
E
A D
C
92
88
84
80
76
72
68
64
60
56
52
48
44
40
36
32
28
24
20
16
12
8
4
B
A
C
92
88
84
80
76
72
68
64
60
56
52
48
44
40
36
32
28
24
20
16
12
8
4
B
A

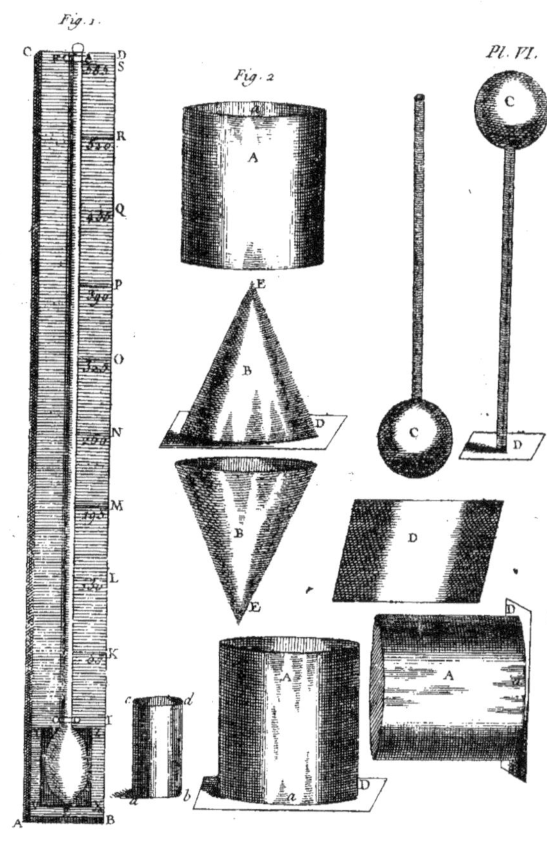

Fig. 1.
Fig. 2.
Pl. VI.

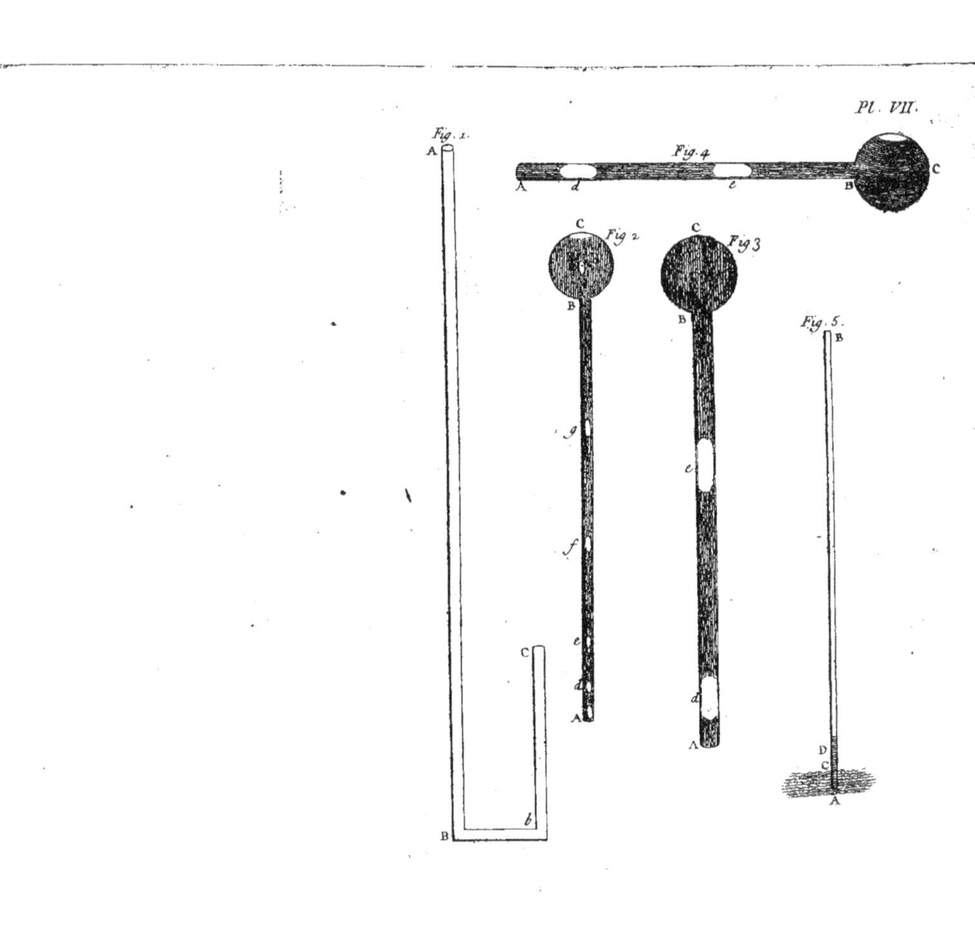

Pl. VII.
Fig. 1.
Fig. 2
Fig. 3
Fig. 4
Fig. 5.

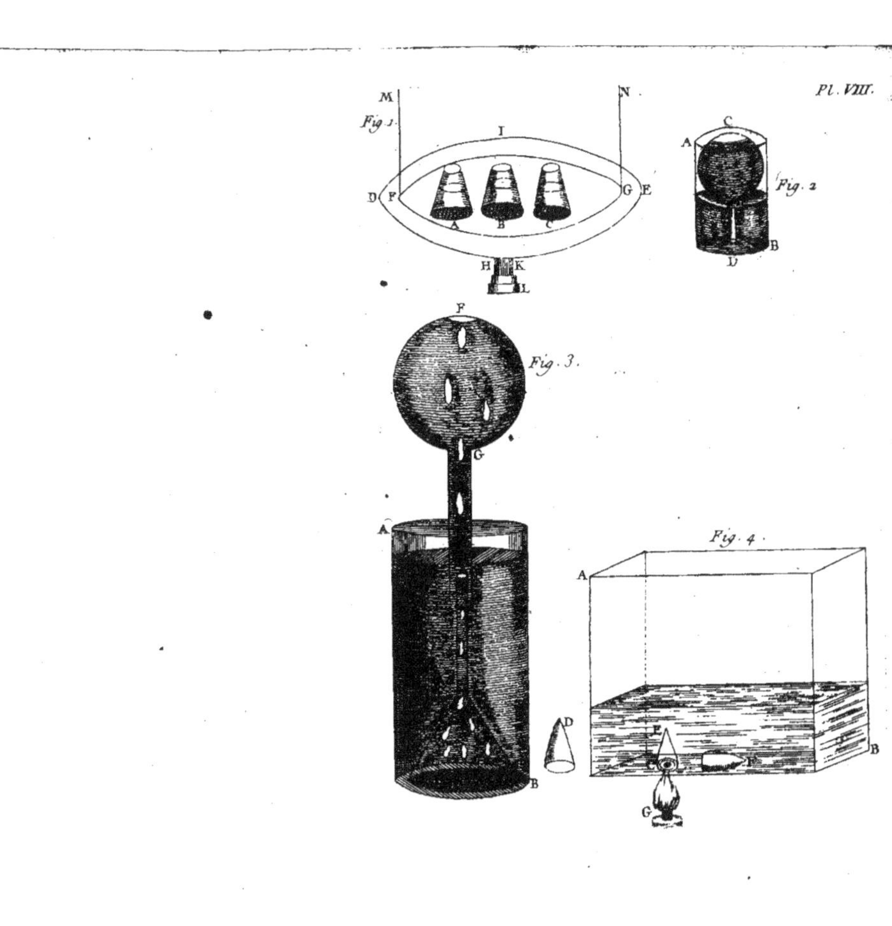

Pl. VIII.
Fig. 1
M
N
I
D F
G E
A B C
H K
L
Fig. 2
C
A
B
D
Fig. 3
F
G
A
B
Fig. 4
A
B
D
E
C
H
G

Pl. IX.
Fig. 2.
A
C
B
D
Fig. 1.
D
H I
K L
A F G D
B E C
M
N
Q R
O P
A
Fig. 4. B
C
B
C

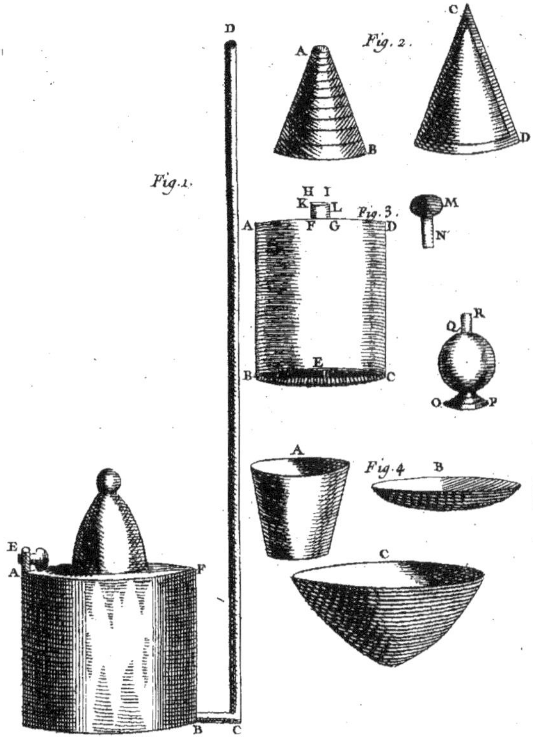

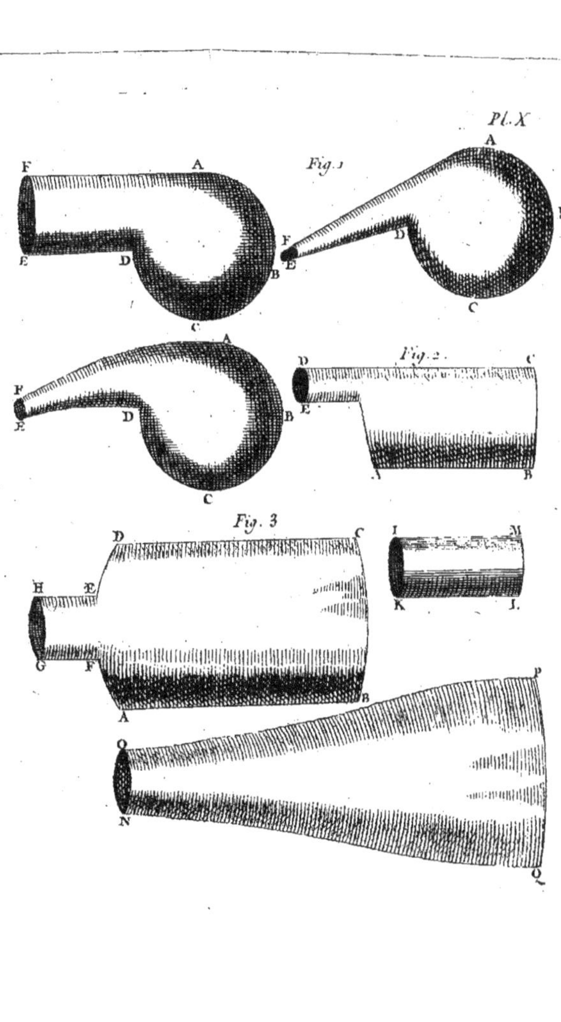

Pl. X
Fig. 1
F
A
E
D
B
C
F
E
D
A
B
C
Fig. 2
D
C
E
B
Fig. 3
D
C
H
Æ
I
M
G
F
K
L
A
B
P
O
N
Q

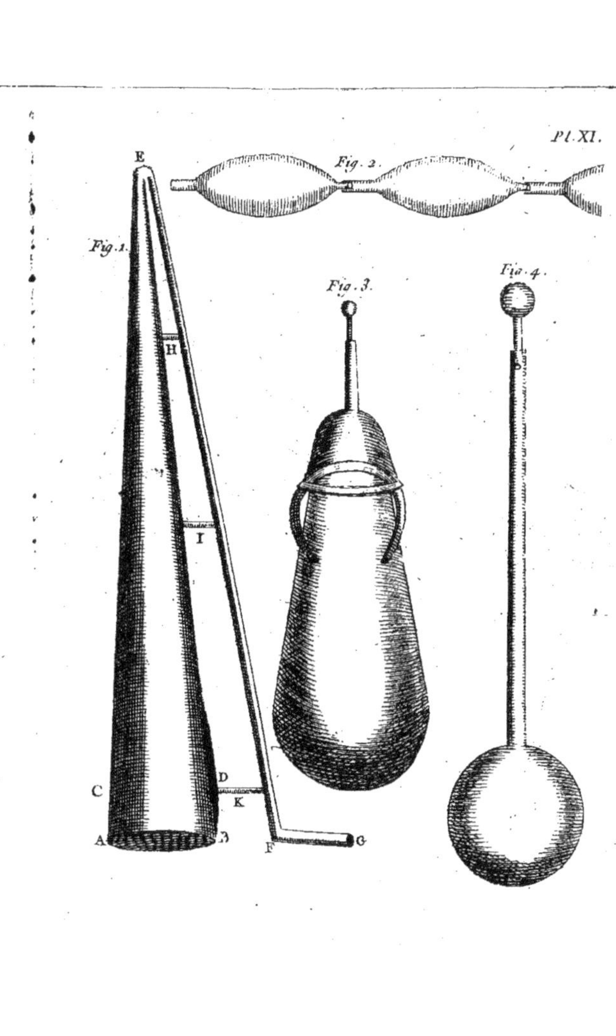

Pl. XI.
Fig. 2.
Fig. 1.
E
H
I
C
D
K
A
B
F
G
Fig. 3.
Fig. 4.

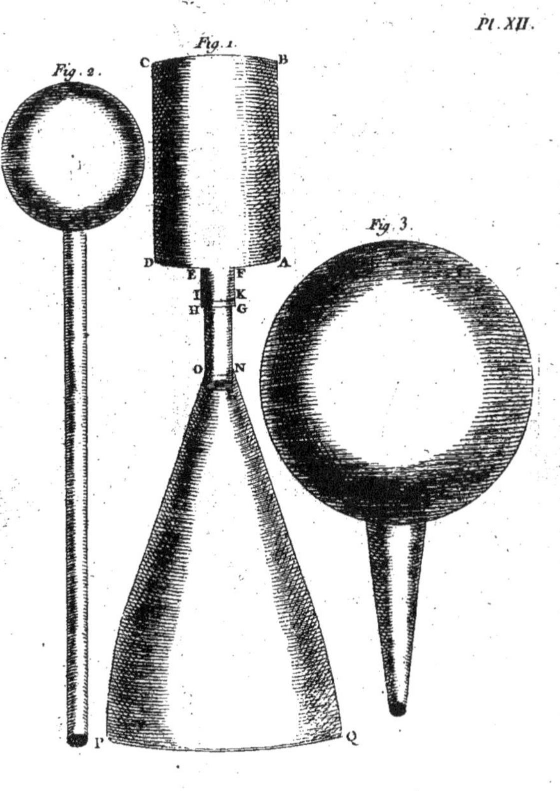
Pl. XII.
Fig. 1.
Fig. 2.
Fig. 3.
C
B
D
A
E
F
I
K
H
G
O
N
P
Q

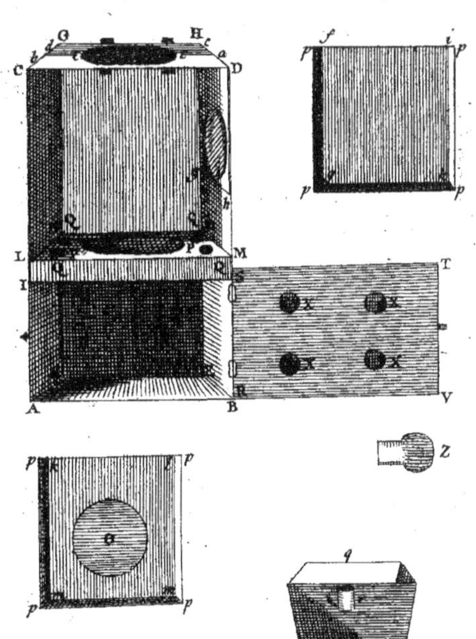
G
H
C
D
L
M
I
S
T
A
B
V
f
p
p
i
p
p
x
x
x
x
Z
O
q
s
s

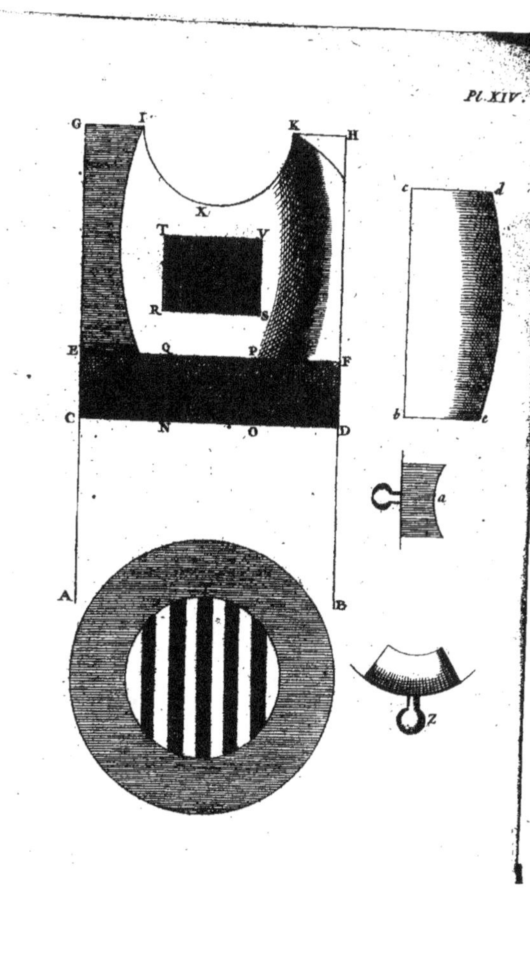

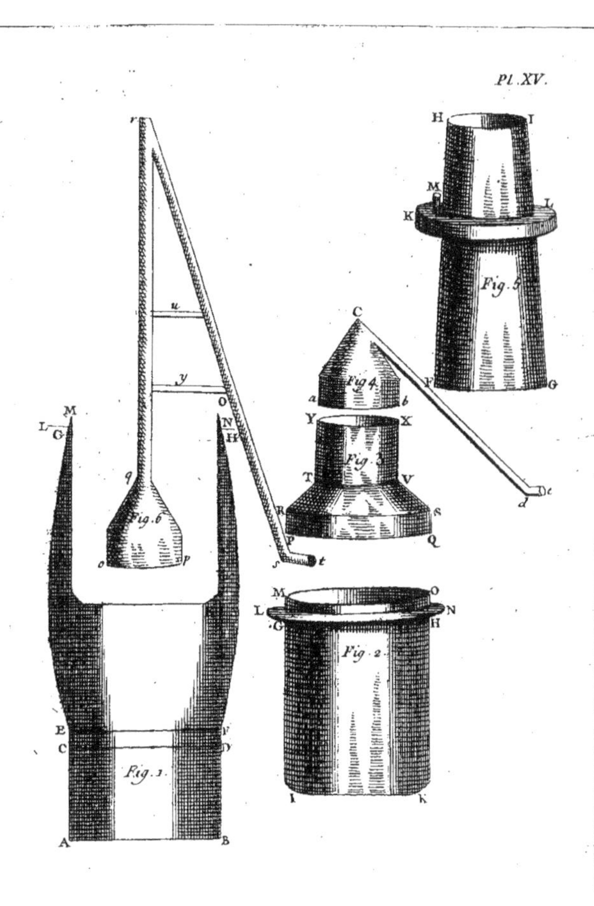

Pl. XV.
Fig. 5
Fig. 4
Fig. 3
Fig. 2
Fig. 1
Fig. 6

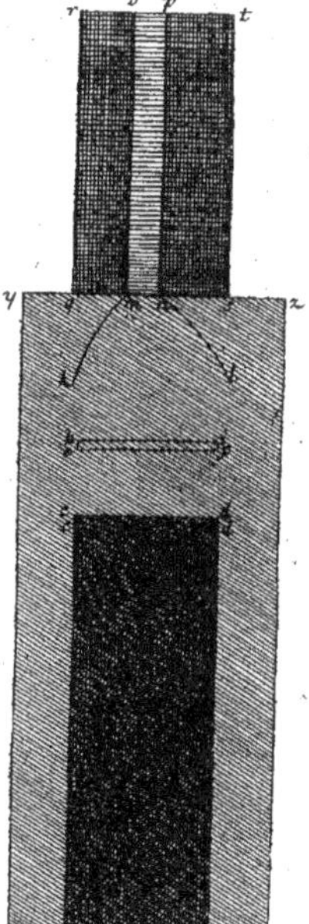

Fig. 1

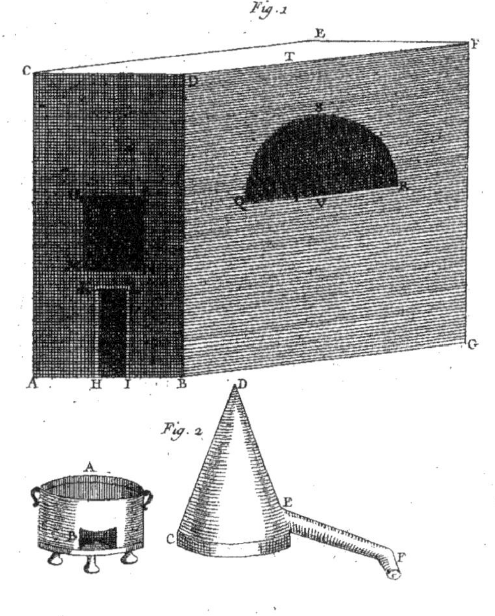

A

A

C

G

L

M

PLANCHE XV.

Figure 1.

A B. Largeur du Cendrier, qui eſt de dix pouces.

A C. Sa hauteur, qui eſt de ſix pouces.

C D E F. Grille, qui a un pouce d'épaiſſeur.

G H I K. Chaudière, dans laquelle ſe fait la diſtillation, ou qui contient l'Eau pour le bain. Le fond de cette chaudière eſt à huit pouces de la grille, & elle a douze pouces de profondeur.

L G. Rebord horizontal de la largeur d'un pouce, par lequel la Chaudière ſe ſoutient ſur le Fourneau.

M G, N H. Autre rebord perpendiculaire, qui eſt embraſſé par le couvercle repreſenté dans la Figure 3.

Fig. 2.

C'eſt la Chaudiere dont il eſt parlé dans l'explication de la Figure precedente , & elle eſt ici marquée des
mêmes lettres.

Fig. 3.

P Q X Y. Couvercle de Cuivre dont
le rebord P Q R S. eſt fait
de façon qu'il embraſſe exactement le rebord perpendiculaire de la Chaudiere
repreſentée dans la Fig. 2.
R S T V. Partie de ce Couvercle, qui
monte obliquement, & qui
ſe termine par un col cylindrique T V X Y.

Fig. 4.

a b c d e. Alambic d'étain, dont le rebord *a b* eſt reçu dans le col
du Couvercle de la Figu-
re 3.
c d e. Le bec de cet Alambic, qui ſe
dévoie en *d* pour entrer dans

l'ouverture d'un Serpentin.

Fig. 5.

FGHI. Vaiſſeau, qui contient la matiere qu'on veut diſtiller au bain-marie. Ce Vaiſſeau ſe place dans la chaudiere de la Figure 2. où il laiſſe de tous côtés un intervalle d'un pouce.

K L. Rebord qui s'ajuſte, ſur le bord perpendiculaire de cette même chaudiere.

Fig. 6

M. Tuyau par lequel on peut verſer de l'Eau dans la chaudiere.

o p q r s t. Alambic d'Etain, à peu-près ſemblable à celui qui ſe voit dans la Fig. 1. de la Planche XI.

o p. Le bord de cet Alambic, qui s'ajuſte avec l'ouverture du Vaiſ-ſeau de la Figure precedente.

q r. Continuation de ce Vaiſſeau en un tube cylindrique, qui ſe cou-de en *r* & ſe dévoie en *s.*

u & *y*. Traverſes qui affermiſſent enſemble les deux branches de
l'Alambic.

PLANCHE XV.

Quatrieme Fourneau, qui sert à la Fusion.

a b c d. Baze creuse de maçonnerie, terminée en voute en *c d*, haute de trois pieds, & large de douze pouces.

c d e f. Le Cendrier, haut de cinq pouces, & à fond plat.

e f t h i. La Grille.

h i l k. Le Foyer haut de six pouces.

k l m n. Continuation du Foyer en un cône paraboloïde, dont l'axe est de huit pouces, & l'ordonnée inférieure de six.

m n o p. Cheminée cylindrique, large de trois pouces, & haute de deux pieds.

K iij

au, b x, y q, s z, q m, n s, r o, p t. La
Maſſonnerie
qui revet le
Fourneau &
la Chemi-
née, & qui
a cinq pou-
ces d'épaiſ-
feur.

PLANCHE XVII.

Cinquieme Fourneau.

Figure 1.

A F. Parallélepipede, qui forme le corps du Fourneau.

A B. Sa largeur qui eſt de vingt pouces.

B G. Sa longueur qui eſt de trente-huit pouces.

C D E F. Partie ſupérieure du Fourneau qui eſt ordinairement platte.

H I K L. Ouverture du Cendrier, qui a onze pouces de hauteur ſur quatre de largeur.

K L M N. Diſtance entre le Cendrier & le Foyer, occupée par des barres de Fer, qui tiennent lieu de grille.

M N O P. La porte du Foyer, qui a neuf pouces de hauteur ſur ſept de largeur.

Q R S U. Ouverture voutée qu'on

ménage dans un des côtés du Fourneau, pour y placer le col des pots, où se fait la diſtillation.

Q R. Longueur de la baze de cette ouverture qui eſt de vingt pouces.

S V. Hauteur de cette ouverture qui eſt de douze pouces.

S T. Epaiſſeur de ſix pouces, qui eſt celle de la Maçonnerie au-deſſus de l'ouverture.

Fig. 2.

Cette Figure eſt miſe ici pour éclaircir l'appareil dont il eſt parlé dans le premier procedé du Volume ſuivant.

A. Petit Fourneau de Cuivre.

B. Ouverture de ſon Foyer; entre ce Foyer, & la partie ſupérieure de ce Fourneau il y a une plaque de Cuivre.

C D E F. Alambic d'étain, dont le bord C s'ajuſte avec l'Ouverture du petit Fourneau A B.

TABLE
RAISONNÉE DES MATIERES

Du cinquieme Volume, qui contient le Traité de la Terre & celui des Menstrues.

TRAITÉ DE LA TERRE.

K v

C

CHymie, ceux qui embrassent un sentiment en formant des conclusions trop
précipitées, sont peu propres à y faire
de grands progrès, 57. Les secrets de
cette science ne se déclarent que par ceux
qui, sans se rebuter du travail, compa-
rent soigneusement entre eux les différens succès de plusieurs expériences, 57.
Chymistes; dans quel sens se sont servis du
mot terre, 1. Nom qu'ils donnent aux
parties des végétaux séparées par la distillation, 15. De quelque maniere qu'ils
ayent appliqué de l'eau à la terre, par le
moyen du feu, poussé même jusqu'au plus
haut degré, il ne paroit pas qu'ils soient
parvenus à former du sel alkali fixe, 28.
Les Anciens ont donc dit avec fondement
que les huiles & le soufre empêshoient
les esprits de s'envoler, 29. Les Anciens
ont déja connu, & même ils ont décrit
ces expériences sur la terre des fossiles,
46. Les anciens croyoient que l'or & l'argent n'étoient composés que d'un argent
vif, très homogene, & d'un autre principe qui leur donnoit la fixité & la ductili-
té sous le marteau, 53. Ce qu'ils pen-
soient des autres métaux, id. Les Modernes disent que les métaux ont pour
base ferme une terre vitrifiable, 53. Ce
sentiment revoqué en doute, 53. 54. Les
Anciens ont dit ouvertement que l'or &
l'argent ne devoient leur origine qu'au
mercure fixé & condensé par le soufre, &

que les autres métaux étoient produits
par différentes combinaisons d'un mercure & d'un soufre moins pur 61. La
terre est le principal ingrédient avec lequel se font les instrumens & les vases
qu'ils employent, 65. Terre pure leur
est d'une grande utilité.

Coupelles, terre dont se servent les essayeurs
pour celles dont ils se servent pour connoître la quantité d'or ou d'argent qui
est mélé avec d'autres corps fossiles,
10.

E

E Gypte, on y voit des nuées de sable transf-
portées dans l'air, jusques là même que
toute l'armée de Cambyse en fut acca-
blée, 6.

F

F Er, donne quelque chose qui approche
fort de la terre, mais en petite quantité,
& même encore n'est ce pas de la terre
parfaite, 58. Qui semble être le métal
dont la terre approche plus de la végé-
table & de l'animal, a aussi beaucoup
beaucoup d'affinité avec les animaux &
les végétaux. 64.

Fermentation, quoiqu'elle agite longtemps
& fortement les végétaux, elle ne peut
cependant jamais bien dégager la terre
élémentaire d'avec le sel & l'huile, 41.

Fossiles, terre qu'on en tire, 44, & suiv.

Fumée, terre qu'on en tire, 11, 12.

H

*H*Omberg, expérience très-surprenante, quoique peu connue, qui lui est due, 55.
Huok, sa démonstration sur ce qui reste dans la distillation des végétaux, 15.

L

*L*Ybie, voyez *Egypte*.

M

*M*Ercure, il ne s'y trouve presque pas de terre, 4, & *suiv.* Est un Prothée qui peut revêtir mille formes différentes, toujours nouvelles, & en imposer ainsi à ceux qui ne sont pas sur leurs gardes, 57.

Métaux, unis avec l'acide qui leur sert de dissolvant, paroissent dans l'eau sous la forme d'un sel très-transparent, mais on peut les en tirer sans aucun changement, aussi opaques & aussi entiers qu'ils étoient auparavant, 24. Renferment-ils de la terre ? 52, & *suiv.* Les impurs donnent quelque chose qui en approche fort, &c. 58. La poudre qu'on en tire n'est pas de la terre, 60. Presque tous restent toujours étrangers & nuisibles à notre corps, 64.

O

*O*R, réduit en liqueur par le moyen d'acides fossiles, formé en pâte molle, cal-

T

V

Verre, peut se resoudre de nouveau en un sel alkali, & en une terre qui s'en sépare par précipitation, parce qu'il en est composé, 23, 24. Le sel qui entre dans sa composition contient beaucoup de véritable matiere terrestre, 65.

Fin de la Table des Matieres contenues dans le Traité de la Terre.

TABLE

RAISONNÉE DES MATIERES

Contenues dans le Traité des Menſtrues.

A

B

Demi-

E

F

F Aber, dit que l'alkaheſt eſt un eſprit pur, mercuriel, &c. 432. A donné une deſcription de l'alkaeſt, fort approchante de celle de *Paracelſe* & de *Van-Helmont*, 465, *& ſuiv.*

Feu, excite l'action des diſſolvans, 92. Il doit même être plus ou moins grand ſuivant les Menſtrues, 92, 93. C'eſt même une condition néceſſaire, 93, 97. Conſidéré dans ſes différens degrés, il peut preſque paſſer pour un diſſolvant univerſel, 126. Eſt la quatrieme cauſe qui contribue aux ſolutions méchaniques, 161, 162. Comment on peut meſurer l'efficace ſur l'eau, 171. Effet qu'il produit ſur ce diſſolvant, 174. L'eau paroît lui devoir ſa qualité diſſolvante, 178. La force dans l'eau, 181. Les degrés de chaleur qu'il communique aux corps ne ſont pas en raiſon des denſités des corps échauffés, 225. Le même corps qui devient inviſiblement plus denſe peut en recevoir plus à meſure qu'il devient de plus en plus ſolide, *id*. La propriété qu'a un corps d'en recevoir une plus grande quantité ne dépend pas de ſa combuſtibilité, 226.

Foſſiles, ſulphureux conſidérés comme Menſtrues durs & ſolides, pourquoi, 81.

Frite, qui ſert à faire le verre, comment ſe prépare, 256.

Froid, ou s'obſerve ſur le plus grand qu'on ait jamais ſenti, 170. De combien de degrés peut être augmenté, 179. Ote à l'eau

L

L'Angelot, son moulin, à ce qu'on dit, a réduit par la trituration l'or en une liqueur potable, 127.

Lin, son huile reçoit au moins 600 dégrés de chaleur depuis le premier dégré de sa fluidité, jusqu'à celui de son ébullition, 222.

Lix, ce que signifie ce terme Latin, 156.

Ludus ou *cevilla paracelsi*, où se trouve cette pierre, 445.

Lulle (*Raymond*), nom qu'il a donné au coagulum de *Van-Helmont*, 192. Décrit assez amplement tous les procédés nécessaire pour la préparation des huiles distillées, 239.

M

*M*Achabées, eau qui étoit un feu perpétuel, dont il est parlé dans le premier chapitre de leur second livre, 334.

Malléabilité, le mélange des métaux les uns avec les autres les prive de cette propriété, 80.

Marsilli (le Comte), l'expérience lui a appris que les plantes qui croissent dans la mer, sans pousser leurs racines dans la terre, ne sont composées que de particules alcalescentes, 334.

Mathématiciens qui rendent à tous égards de si grands services à la société, méritent bien qu'en leur faveur on fasse voir jusqu'à quel point l'action des menstrues est Méchanique, 142.

eft très-difficile de décompofer enfuite ;
226. Expériences fur ces corps, 227.
Reçoivent la même quantité de feu qu'ont
les huiles dans lefquelles ils font plongés,
231.

Mindererus, ce que c'eft que fon efprit oph-
thalmique, 312.

Monde, Aime a être trompé, 205.

Moût, ce à quoi on donne ce nom, 272.

Myrrhe, comment ont vient à bout de la
diffoudre parfaitement, 387, & *fuiv.*

N

N Ature, fi on veut en connoître les vé-
ritables propriétés, il faut tâcher de les
découvrir par l'examen de chaque corps
en particulier, 226. N'employe jamais
dans fes opérations les fels alkalis fixes,
comme des inftrumens qui lui foient propres, 266.

Neige, celle qui tombe en hyver dans un
temps bien froid donne l'eau la plus pure,
209.

Newton a été obligé, en conféquence de fes
propres obfervations, de reconnoître
qu'il falloit avoir ici recours à d'autres
caufes d'une nature toute différente, que
les méchaniques pour expliquer les diffolutions, 163.

Nitre, à quoi doit fa naiffance, 360. Le
feu en produit l'acide, *id.* & *fuiv.* Con-
fidéré comme menftrue, 378, & *fuiv.*
Son efprit pur, ce que c'eft, 399. Vi-
triolé, une efpece, 400. Effets de fon
efprit gardé pendant longtemps, 407.

R

T

V

*V*Alentin (Basile), consulter son Traité, pourquoi ? 425.

Fin de la Table des Matieres contenues dans le Traité des Menstrues.

TABLE

RAISONNÉE DES MATIERES

DU SIXIEME VOLUME;

*Qui contient le détail des Instrumens &
l'énoncé des Opérations Chymiques.*

A

B

C

M

O

P

Fin de la Table des Matieres.

APPROBATION.

J'AI, lû par ordre de Monseigneur le Chancelier, la *Chymie d'Hoffmann, ses Consultations de Médecine, & la Chymie de Boerhaave*; le tout traduit du Latin en François, ouvrages dans lesquels je n'ai rien trouvé qui puisse en empêcher l'impression. A Paris ce premier Juin 1754.

PRIVILEGE DU ROI.

LOUIS, par la grace de Dieu, Roi de France & de Navarre : A nos amés & féaux Conseillers, les Gens tenans nos Cours de Parlement, Maîtres des Requêtes ordinaires de notre Hôtel, Grand-Conseil, Prévôt de Paris, Baillifs, Sénéchaux, leurs Lieutenans Civils & autres nos Justiciers qu'il appartiendra. SALUT : Notre amé ANTOINE CLAUDE BRIASSON, Libraire à Paris, ancien Adjoint de sa Communauté, Nous a fait exposer qu'il désireroit faire imprimer & donner au Public des Ouvrages qui ont pour titre : *Les Oeuvres de Médecine de M. Fr. Hoffmann, les Oeuvres de M. Boerhaave, traduites en François, avec Commentaire*, s'il Nous plaisoit lui accorder nos Lettres de Privilege pour ce nécessaires. A ces causes, voulant traiter favorablement l'Exposant, Nous lui avons permis & permettons par ces présentes de faire imprimer lesdits Ouvrages, en un ou plusieurs volumes, & autant de fois que bon lui semblera, & de les vendre, faire vendre & débiter par tout notre Royaume, pendant le tems de douze années consécutives, à compter du jour de la date des Présentes. Faisons défenses à toutes sortes de personnes, de quelque qualité & condition qu'elles soient, d'en introduire d'impression étrangere dans aucun lieu de notre obéissance; comme aussi à tous

Libraires & Imprimeurs, d'imprimer, faire imprimer vendre, faire vendre & débiter, ni con-
trefaire lesdits Ouvrages, ni d'en faire aucuns
Extraits sous quelque prétexte que ce soit d'augmentation, correction, changement ou autres, sans la
permission expresse & par écrit dudit Exposant, ou
de ceux qui auront droit de lui, à peine de confisca-
tion des Exemplaires contrefaits, de trois mille li-
vres d'amende contre chacun des contrevenans, dont
un tiers à l'Hôtel-Dieu de Paris, l'autre tiers audit
sieur Exposant, ou à celui qui aura droit de lui, &
de tous dépens, dommages & intérêts : A la charge
ge que ces Présentes seront enrégistrées tout au long
sur le Registre de la Communauté des Libraires &
Imprimeurs de Paris, dans trois mois de la date d'i-
celles ; que l'impression desdits Ouvrages sera faite
dans notre Royaume & non ailleurs, en bon papier & beaux caracteres, conformément à la feuille
imprimée attachée pour modéle sous le contre-scel
des Présentes, & que l'Impétrans se conformera en
tout aux Réglemens de la Librairie, & notamment
à celui du dix Avril 1725 ; & qu'avant que de l'exposer en vente, les Manuscrits qui auront servi de
copie à l'impression dudit Ouvrage, seront remis
dans le même état où les Approbations y auront été
données, ès mains de notre très-cher & féal Cheva-
valier le sieur d'Aguesseau, Chancelier de France,
Commandeur de nos Ordres ; & qu'il en sera ensuite
remis deux Exemplaires dans notre Bibliothéque pu-
blique, un dans celle de notre Château du Louvre,
& un dans celle de notre très-cher & féal Che-
valier le sieur d'Aguesseau, Chancelier de France,
Commandeur de nos Ordres ; le tout à peine de
nullité des Présentes. Du contenu desquelles vous
mandons & enjoignons de faire jouir l'Exposant,
ou ses ayans causes, pleinement & paisiblement,
sans souffrir qu'il leur soit fait aucun trouble ou em-
pêchement. Voulons que la copie desdites Présentes,
qui sera imprimée tout au long au commencement
ou à la fin desdits Ouvrages, soit tenue pour due-
ment signifiée, & qu'aux copies collationnées par
l'un de nos Amés & féaux Conseillers & Secrétaires,
foi soit ajouté comme à l'original. Commandons au
premier notre Huissier ou Sergent sur ce requis, de

faire pour l'exécution d'icelles tous actes réquis & nécessaires, sans demander autre permission, & non-obstant Clameur de Haro, Charte Normande & Lettres à ce contraires. CAR tel est notre plaisir. Donné à Paris le 26 Juillet, l'an de Grace 1747, & de notre Regne le trente-deuxieme. Par le Roi, en son Conseil.

Signé, S A I N S O N.

Je déclare que Mrs. Huart, Durand & Moreau, ont intérêt pour moitié dans les Oeuvres de Boerhaave en François ; savoir, Mr. Durand pour un quart, Mrs. Huart & Moreau pour l'autre quart ; la moitié restante m'appartient seule, de même que les Oeuvres de Frédéric Hoffmann, qui sont entierement à moi. A Paris, ce 24 Juillet 1747.

Signé B R I A S S O N.

Régistré ensemble la présente cession sur le Registre 11 de la Chambre Royale & Syndicale des Libraires & Imprimeurs de Paris, Nº. 828. fol. 726. conformément aux anciens Réglemens, confirmés par celui du 28 Février 1723. A Paris, le premier Août 1747.

G. C A V E L I E R, Syndic.

De l'Imprimerie de M O R E A U.